河南出版基金
HENAN PUBLICATION FOUNDATION

U0805798

黄河流域生态保护和高质量发展重大国家战略丛书

黄土高原整地措施对植物群落根系分布特征及其生态效应的影响

祁宇麟　冯天骄　翟艳宾　著

黄河水利出版社
·郑州·

内 容 提 要

本书基于探地雷达扫描、原位根钻取样、流域踏查和模拟降雨实验等多种技术方法，系统分析了不同整地措施和植物群落对植物根系分布和土壤水分、养分、机械组成及植株水土保持能力的影响，阐明了不同整地措施下典型植物群落深层土壤剖面根系分布特征，明确了不同立地条件下植物根系分布对土壤性质的影响机制，探讨了养分在植物体和土壤内的分配规律，定量揭示了植物地下根系和地表覆盖等不同部位的水土保持能力，从整地和植物根系角度探讨了物种组成及其群落结构的优化模式。主要内容包括：不同整地措施和植物群落对根系分布的影响、整地和植物根系对土壤属性及其抗侵蚀力的影响、不同整地措施下植物养分与土壤养分的关系、植物根系与地上覆被的水土保持效应等。

本书可供从事水土保持规划、设计工作的工程技术人员以及相关领域的研究人员参考使用。

图书在版编目(CIP)数据

黄土高原整地措施对植物群落根系分布特征及其生态效应的影响 / 祁宇麟，冯天骄，翟艳宾著. -- 郑州：黄河水利出版社，2024. 12. -- ISBN 978-7-5509-4038-3

I.Q948.15

中国国家版本馆 CIP 数据核字第 20241LS027 号

出版顾问：王路平　电话：0371-66022212　E-mail：hhslwlp@ 126.com
组稿编辑：田丽萍　　66025553　　912810592@ qq.com

责任编辑：周　倩　责任校对：鲁　宁　封面设计：张心怡　责任监制：常红昕

出版发行：黄河水利出版社

地址：河南省郑州市顺河路 49 号　邮政编码：450003

网址：www.yrcp.com　E-mail：hhslcbs@ 126.com

发行部电话：0371-66020550、66028024

承印单位：河南匠心印刷有限公司

开本：890 mm×1 240 mm　1/16

印张：5.75

字数：140 千字

版次：2024 年 12 月第 1 版　　印次：2024 年 12 月第 1 次印刷

定价：30.00 元

前　言

植物生长所需的物质及能量均是通过根系从土壤中获取和利用的,因而植物根系的分布特征可直接反映土壤中的物质和能量可被植物利用的可能性及其根系生产力。植物根系的形态分布特征主要表现为其根系构型,即根系在土壤中的空间分布。植物根系的形态分布特征直接关系到植物对土壤养分和水分的吸收及利用,进而影响植物地上部分的生长和生态功能,其直接反映了根系的生长状态。良好的根系构型可以提高根系对土壤养分和水分的利用效率,也是提高生态系统群落稳定性的基础。植物根系构型是影响植物吸收机能的决定性因素,同时对植物的固土作用和土壤的抗冲性能也有着关键性影响。

坡面整地和植被恢复是半干旱黄土高原生态修复的核心手段,对于改善生境、优化植被结构、提升生态系统功能具有重要作用。整地措施可提高土壤水分贮存效率和蓄水量,防治土壤侵蚀,提高土壤的水土保持能力,且多种整地措施的共同作用相比于单一整地措施的生态效益更好,对黄土高原生态恢复和环境改善有着关键作用。植被恢复对地上、地下生态系统均有着显著影响。一方面,植物生长可有效改善土壤结构,向土壤中输入有机物质,从而提高土壤质量;另一方面,植物也可改善土壤微生物的生长环境,为微生物生长提供更多营养物质,进而提高土壤微生物的生物量及多样性,增强土壤微生物活性。土壤微生物在植被恢复过程中有着重要作用,微生物群落活动可加速退化生态系统的修复。在地上生态系统中,植被恢复也会改善植物群落的组成和结构,有利于提高和保护植物物种多样性。另外,人工植被恢复模式的效果优于自然恢复,人工植被恢复可以促进植被恢复进程,但在一些特殊环境下,人工植被恢复过程中选择了不当的物种以及一味地营造纯林,也会使植物群落结构过于单一,植物群落的正常演替会被中断或者逆向发展。因此,在开展植被恢复工作时,应充分了解当地的实际环境状况,从而选择更好的、更适宜的恢复模式。

本书基于探地雷达扫描、原位根钻取样、流域踏查和模拟降雨实验等多种技术方法,获取了大量翔实的数据。在此基础上,系统分析了不同整地措施(反坡台、鱼鳞坑、水平阶)和不同植物群落(油松、侧柏、山杏、柠条、苜蓿、荒草)对植物根系分布和土壤水分、养分、机械组成及植株水土保持能力的影响,量化了植物根系与土壤性质的互馈关系,对比了不同植物群落的水沙效应,从整地和植物根系角度探讨了物种组成及其群落结构的优化模式。

植物地下根系在土壤中的空间分布多样,且分布范围广阔,系统测定其空间分布难度很大。本书阐明了不同整地措施下典型植物群落深层土壤剖面根系分布特征,明确了不同立地条件下植物根系分布对土壤性质的影响机制,探讨了养分在植物体和土壤内的分配规律,定量揭示了植物地下根系和地表覆盖等不同部位的水土保持能力,是对黄土高原生态修复机制研究的补充、拓展和丰富,亦可为脆弱山地生态系统管理、土地整治技术优化及植被物种筛选提供科学理论依据与实践技术支持。

在本书撰写过程中,黄河上中游管理局的领导及同志们、北京林业大学的专家均给予了极大的支持,谨此致以衷心的感谢!

由于本书撰写时间仓促,参加撰写的人员缺乏专著编写经验,书中难免会出现缺点、错误及不妥之处,欢迎广大读者批评指正。

作　者

2024 年 3 月

目　录

绪　论

一、研究背景及意义

(一)黄土高原目前主要的生态问题及成因

我国黄土高原位于32°~41°N、107°~114°E,东起太行山,西至青海日月山,南到秦岭,北达鄂尔多斯高原,总面积为64.87万km^2,其中包括了陕西、甘肃、宁夏、河南、山西、内蒙古、青海等在内的共7个省(自治区)341个县(市),总人口约为1.08亿,是中华文明的发祥地。但同时,黄土高原水资源贫乏,且生态环境十分脆弱,因此对气候变化极为敏感。此外,黄土高原是我国乃至全世界范围内水土流失问题最严重的地区之一。当地严重的水土流失现象,导致自然环境受到严重破坏,同时低生产水平和逐渐恶化的生态环境间互相制约,形成了恶性循环。而且由于其自然条件特殊且生态系统十分脆弱,在其特定的植被、土壤和气候条件下,黄土高原的生态环境一旦破坏,就需要较长时间去恢复正常的结构和功能,这对保护本就脆弱的自然环境而言压力巨大。

黄土高原严峻生态问题的成因有很多,主要可分为历史因素、植被因素、土质因素、气候因素和人为因素等。首先是历史因素,自古以来,对黄土高原的无节制开发利用为其生态问题埋下了隐患。黄土高原的生态健康和黄河治理息息相关,据郑肇经编写的《中国水利史》记载,在黄河下游,黄河泛滥和决口的频率一直持续上升:唐代每10年1次,到宋代每2年1次,但清代则发展到平均每年发生近2次,到了中华民国时期甚至平均每年可达4次以上,由此可见其生态问题一直没有得到有效解决或控制,反而持续恶化。

同时,自然环境条件也是引起黄土高原生态问题的关键因素。黄土高原的气候为暖温带大陆性季风气候,该气候条件的特点为:春冬受极地干冷气流影响,寒冷干燥,且多风多沙;夏秋温度高,气候干燥,且暴雨多发,使得当地风蚀、水蚀严重,水土保持难度极大。另外,黄土高原的黄土颗粒细,土质十分松散且土层较厚,其土壤孔隙分布主要为大孔隙,同时因其土壤粒径组成特点,土壤的下渗作用强烈,因此在长期强烈的水蚀、风蚀环境下,地面被割裂并形成沟壑纵横的独特地形,即塬、梁、峁、川。

黄土高原的生态问题不但与其自然环境的特殊性有关,而且当地居民对于土地长期的不合理利用更是加剧了其水土流失。植被是唯一可以增强土壤抗蚀能力和进行水土保持的自然措施,因而黄土高原的植被覆盖在当地生态恢复和水土保持过程中意义更为重大。而土地的不合理利用,如农业、林业和牧业等经济用地的不合理分配等,会给当地居民的生产生活带来极大不便,更对生态系统和环境造成了破坏。因此,在各类因素的共同作用下,黄土高原地区的生态环境问题日益严峻。

(二)黄土高原退耕还林的生态意义

黄土高原地区主体位于半干旱气候区,且由于其独特的生态类型以及其重要农业基地的定位,该地区在一定意义上属于生态最脆弱的区域,在各种因素作用下,黄土高原的植被和生态持续遭到破坏。而在退耕还林工程实施后,黄土高原地区的植被覆盖度显著增加,其植被覆盖度在1999年至2013年间,由31.6%增至59.6%,增幅达88.6%。植被覆盖度的增加改善了当地的生态环境,促进了植物群落演替并增加了生物多样性。此外,林地面积的增加也使得当地严重的水土流失得到了有效控制。

当地居民对于土地资源的不合理开发和利用,如陡坡开荒等,是黄土高原水土流失加剧、生态环境日益恶化的主要原因。退耕还林工程的实施也推动了农业产业结构的变化,调整、优化了当地的土地资源利用,使得土地利用相对合理性指数显著上升,推动了黄土高原地区景观格局良性演化。研究表明,森林资源对于提高气候稳定性具有重要作用,因而退耕还林工程也有增加降水、促进当地气候变化良性循环的作用。例如,当陕北防沙林带建成后,当地大风和沙尘天气明显减少,而毁林区的降水量则显著减少,气候干旱化趋势加剧。此外,植被资源增加也能够吸收更多空气中的二氧化碳,并释放负氧离子,净化当地空气环境。随着植被覆盖面积的增加,地面温度会逐渐降低,还会加强黄河和长江中游地区的夏季季风,增加黄土高原和华北地区的降水量和土壤含水量,进而使得黄河和长江的径流量增长。而且,当植被覆盖度增加时,生态环境得到改善,进而土壤蒸散增加且地表径流减少,同时入渗和表土含水量均有所上升,能够有效维持和促进植被生长,使得水土流失减弱。由植被覆盖引起的下垫面变化也会改变局地的水热循环,缓和气温变化幅度,改善局地小气候环境,而这些气候因子的变化会反向影响植被的再生潜力,形成植被和生态环境间的良性相互作用。

二、国内外研究进展

(一)植物根系的生态功能

植物生长所需的物质及能量均是通过根系从土壤中获取和利用的,因而植物根系的分布特征可直接反映土壤中的物质和能量可被植物利用的可能性及其根系生产力。植物根系的形态分布特征直接关系到植物对土壤养分和水分的吸收及利用,进而影响植物地上部分的生长和生态功能。根系性状与植物和生态系统功能的关系如图0-1所示。不同种类的植物根系有不同的功能,总比根长越高意味着根系在土壤中的探测区域越大,一至三级根系(吸收根)比根长表示其对土壤资源的利用率,而一级根系比根长则表示当土壤资源可利用性提高时,植物根系可快速生长增殖。

植物根系的形态分布特征主要表现为其根系构型,即根系在土壤中的空间分布。植物根系构型直接反映了根系的生长状态,良好的根系构型可以提高根系对土壤养分和水分的利用效率,也是提高生态系统群落稳定性的基础。植物根系构型是影响植物吸收机能的决定性因素,同时对植物的固土作用和土壤的抗冲性能也有着关键性影响。

植物根系的生态功能在于:首先,根系可以直接或间接地改善土壤的稳定性。在生态恢复过程中,植被可以显著改善土壤物理性质(如土壤团聚体稳定性、土壤非毛细孔隙度、土壤剥离能力等),有利于土壤保持,而根系在这一过程中起主要作用。在此之前,根系可以通过

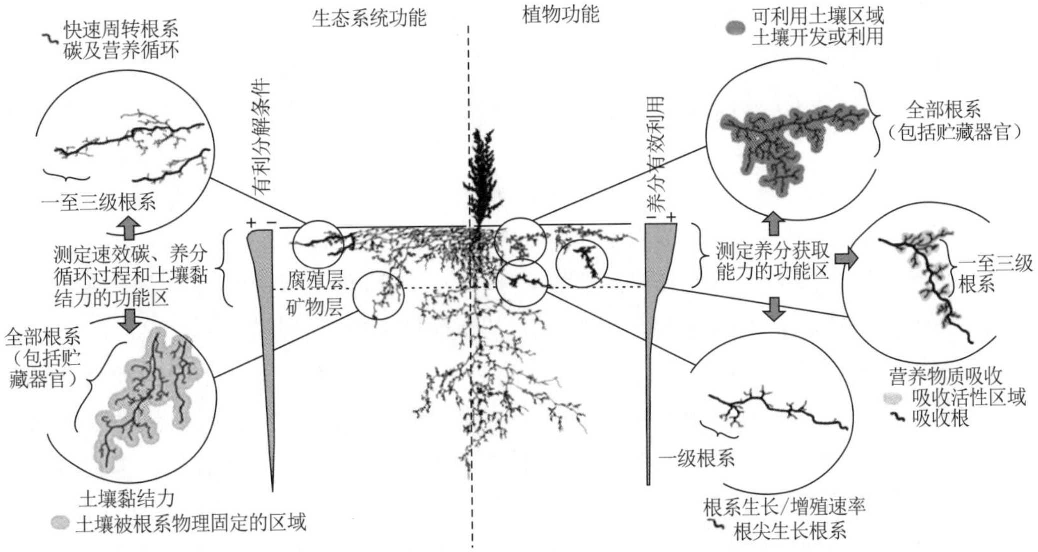

图 0-1　根系性状与植物和生态系统功能的关系

（比根长可以表示在土壤剖面不同区域的根种类多样性）

物理结合作用直接将土壤颗粒包裹起来。其次，根系在生长过程中也会产生大量的根系分泌物（如阿拉伯半乳糖蛋白和果胶），并向土壤中输入有机物，从而提高团聚体的稳定性，这些过程通常同时进行。相似研究表明，植物有效根（≤1 mm 的细根）密度与土壤物理性质的改良密切相关，植物根系可显著提高土壤水稳性团聚体含量和土壤非毛管孔隙度，同时增加土壤有机质含量，降低土壤紧实度和土壤容重，植物根系的网络串连作用、黏结作用及其生物化学作用可有效促进固结土壤并强化其抗冲性。最后，植物地下根系系统结构会影响植被生态功能的有效性。林木的根系分布更深，使得其可以吸收深层土壤的水分和养分，为顶级植物群落的生长和演替创造良好的生长环境。因此，在造林实践中，多采用深根性树种作为先锋树种来改善林木生长的土壤微环境，如土壤理化性质、土壤肥力等，尤其是在立地条件较差时，与浅根型树种相比，深根型树种具有更高的生产力。

（二）整地措施的生态效应

土壤水分是半干旱地区限制植物生长和影响生态恢复的最主要因素。黄土高原地区的主体位于半干旱区，由于水分蒸散高且降雨补给少，所以其土壤水分含量较低，同时降雨集中且多暴雨，水土流失严重，土壤供水能力低下，无法满足植物生长所需，因此许多植物因水分条件的限制而无法在当地生长。近年来当地生态环境仍没有得到有效改善并继续恶化，所以需要实施更为有效的生态管理措施。整理翻修土地，可以制造有利地形，提高植物成活率，改善土壤条件，并减弱水土流失，是解决土壤侵蚀、生态破坏和土地退化等问题的有效措施之一，因而得到大面积推广。整地措施可以有效拦截减弱径流，实现蓄水保墒，有利于土壤质量的提升。同时，整地措施能够改良植被生境，提高土地资源利用效率，并将生态效益最大化。因此，推行整地措施是保障黄土高原土地资源可持续利用和解决其生态环境问题的重要举措，具有关键性意义。

整地措施可提高土壤水分贮存效率和蓄水量，且多种整地措施的共同作用相比于单一整地措施的生态效益更好。研究表明，在对坡面进行不同整地措施的微地形改造后，小区土壤水分提升了 30%~60%，且实行整地措施后每公顷土地多蓄水 97.33 t，在对比切土与填土部分的水分差异后发现，填土部分的水分涨幅更高，因为地形改变后的土壤环境变得更利于入渗。在地处半干旱地区的宁夏回族自治区彭阳县，对比水平梯田和自然坡面的水分差异后发现，由于梯田整地措施使土地承雨接触面由坡面变成了水平面，对雨水的接收、拦蓄和入渗都得到了加强，更易于保持和提升土壤水分，梯田土壤含水量平均比坡耕地土壤含水量高出 1.58%。特别地，在不同整地措施对比中，与鱼鳞坑相比，反坡梯田和水平沟的土壤含水量分别提高了 24.0%和 37.6%，较坡地分别高出 25.5%和 46.0%，且反坡梯田和水平沟的保墒效果显著高于鱼鳞坑。同时，与坡耕地相比，整地后的集流梯田措施（自然坡面和水平梯田相间布置）也可以显著提高土壤含水量，且整地措施也有明显的保水作用。整地措施还可以增强土壤蓄水、保水能力，并显著改善田间持水量。整地措施可通过改变局部地形，水平化坡面土地，从而增加土壤持水量，使得较小的降水量可以全部入渗，避免产生径流，实现蓄水减沙。此外，整地措施会通过改造下垫面，缩短径流路径，增强土壤入渗，并减小土壤蒸发面积，进而改善土壤环境和土壤质量。在黄土高原地区研究发现，实行整地措施后，土壤水分特性得到有效改善，植物抗旱力及土壤持水性得到了显著提高。综上，整地措施可以有效提升土壤水分。

此外，整地措施对黄土高原生态恢复和环境改善也有着关键作用。与自然坡面相比，整地措施有截流拦沙、蓄水保墒、土壤改良和改善植被生长条件等作用，进而可实现防洪减灾和提高土地生产力等功能。近年来许多研究表明，整地措施可有效提升土壤养分，包括有机质含量、全氮、全磷、全钾、碱解氮、速效磷、速效钾等。干旱区的土壤蒸发使得土壤水分大量散失，而整地措施通过坡改梯的方式减小了土壤蒸发的有效面积，有利于保持土壤水分，同时，整地后植物的生长环境得到改善，可促进植物生长及其生理活动，整地后的植物成活率也显著提高。有以往研究通过对比水平沟、鱼鳞坑、梯田三种整地措施与坡面的造林差异后发现，梯田造林的效果最好，由于其保水效果更好，植物生长速度及生长状况都优于其他整地措施。

整地措施的最基本目标是防治土壤侵蚀，提高土壤的水土保持能力。大量研究表明，整地措施的减流减沙作用效果明显。在不同整地措施的对比中，梯田的相对土壤流失率为 0.304，荒地和鱼鳞坑的相对土壤流失率分别为 0.095 和 0.040。同时，整地后的梯田也可通过增强土壤水分渗透性来降低山体滑坡的发生概率。

（三）植被恢复的生态效应

植被是陆地生态系统不可或缺的重要组成部分，其作为物质循环与能量流动的中枢，在保水固土及养分固定过程中都起着关键作用。然而，随着经济的极速发展，植被破坏及生态环境恶化日益严重，破坏了自然景观的同时也导致环境质量急剧下降、自然灾害频发、生物多样性降低、水土流失乃至土地沙化等一系列环境问题，大量野生珍稀物种的栖息地因此受到破坏，并面临灭亡的危险。研究表明，植被遭到破坏后，土壤质量会随之下降且抗冲蚀能力减弱,因而土壤侵蚀强烈,但当植被恢复后,土壤侵蚀便迅速得到控制。植被覆盖可有效控制水土流失并减少土壤养分的流失。植被恢复是保障水土保持效果最显著的自然方法,通过植被生长以及植物群落的演替,可以防止土壤侵蚀加剧及土地退化,使生态环境得到改善。此外,植被也有着扮演物理障碍的作用,这种屏障效应可以有效减少径流和地表沉积物的运移。同时,植物的自身特征,包括株高、冠层盖度、植株密度及植物根系等对于产流产沙过程也有着关键作用。研究表明,植被冠层可以减弱雨滴击溅,且植物根系有利于土壤固定,改良土壤结构。植被能够有效地减流减沙,但不同植物群落的减流减沙效果也存在差异。植被冠层是减少地表径流和土壤流失的关键,冠层相对稠密的植被截流效应更好,能够有效减弱雨滴动能,降低地表侵蚀。而除冠层的物理保护作用外,植被凋落物层对植株底部表土结构及土质的改善也至关重要。研究者通过在全球尺度上研究水土流失与森林覆盖度之间的关系后发现,植被覆盖度提升可显著减少水土流失。因此,植被恢复是遏制生态环境继续恶化、提高生态系统抗性、改善脆弱和退化生态系统的有效措施。

自然生态系统由地上和地下两部分组成,且两者之间联系密切,互相作用和影响,植被恢复对地上、地下生态系统均有着显著影响。一方面,植物生长可有效改善土壤结构,向土壤中输入有机物质,从而提高土壤质量;另一方面,植物可改善土壤微生物的生长环境,为微生物生长提供更多营养物质,进而提高土壤微生物的生物量及多样性,增强土壤微生物活性,土壤微生物在植被恢复过程中有着重要作用,微生物群落活动可加速退化生态系统的修复。在地上生态系统中,植被恢复也会改善植物群落的组成和结构,有利于提高和保护植物物种多样性。而且人工植被恢复的效果优于自然恢复,人工植被恢复可以促进植被恢复进程,但在一些特殊环境下,人工植被恢复过程中选择了不当的物种以及一味营造纯林,也会使植物群落结构过于单一,植物群落的正常演替会被中断或者逆向发展。因此,在开展植被恢复工作时,应充分了解当地的实际环境状况,从而选择更好的、更适宜的恢复模式。

在植被恢复的众多生态效应中,其对于土壤性质的影响最为显著。植物可通过根系的生长、伸长来改变土壤结构,通过根系分泌物、枯枝落叶等植物残体向土壤中输入有机物质,提高土壤质量。因此,在植被恢复过程中,包括土壤有机质、速效氮、速效钾、全氮、速效磷等在内的土壤养分含量均会逐渐增加,土壤对氮元素的矿化能力也得到增强,且土壤微生物的生物量显著上升,土壤酶活性提高,促进了土壤腐殖化、黏化进程,水稳性团聚体的数量和质量也显著增加,强化了土壤抗剪能力和土壤抗冲性,而土壤 pH 和土壤容重下降,进而提升了土壤结构、土壤肥力和土地生产力。此外,植物生长会直接影响土壤水分,比如:植物根系吸水和叶片蒸腾会影响土壤性质和土壤水分;植物的冠层截流作用可增加水分入渗,进而改善土壤水分含量。也有学者证明,植物与土壤水分之间的关系更多的是相互作用,当土壤湿度较高时,土壤水分的主要影响因素是气候变化,只有当土壤含水量较低时,植物对土壤水分的调控作用才会显现。同时,植物可降低地形对土壤水分变异性的影响,也使得土壤水分动态更加复杂。当植物处于生长季时,土壤水分含量波动大,时间稳定性较弱,而当植物处于非生长季时,土壤水分的时间稳定性则会显著增强。

不同的植被类型由于其生长方式的差异,对土壤性质的影响也各不相同。研究者发现,荒地、弃耕地、耕地、灌丛、人工草地和人工林地等6种土地利用方式下的土壤养分有明显差异,植被类型对土壤养分的蓄积作用的影响差异显著,但植被恢复后的土壤养分和土壤质量均明显提升;撂荒地、坡耕地、灌丛和人工林四种典型植被类型下的土壤水分和土壤养分也存在明显差异,灌丛的肥岛效应明显,可以显著维持和提高土壤肥力;退耕地植被恢复过程中,不同植被类型土壤性质变化差异显著,草地的土壤含水量显著高于灌木地和乔木地,且灌木样地的土壤容重最高,在自然植被恢复模式下,土壤水稳性团聚体含量显著高于自然加人工恢复模式;农地、草地、灌木林和林地的植被恢复过程中,植被恢复可促进表层土壤容重的降低,并提高土壤孔隙度,同时,灌木林和林地中土壤养分含量(有机质、全氮、速效氮和速效钾)显著高于其他植被类型;对比坡耕地、灌木林、人工油松林、紫花苜蓿和天然草地土壤水分,灌木林和天然草地的土壤水分含量高于其他几种植被类型。

此外,不同植被恢复模式和恢复年限对于土壤性质的影响也有差异。研究表明,在植被恢复过程中,不同树种纯林及其混交林土壤理化性质有明显差异,相比于针叶树纯林,针阔混交林对土壤的改良作用更好;黄土丘陵区不同撂荒年限自然恢复草地的土壤养分差异显著,随着草地恢复年限的增加,土壤全氮和有机质含量均逐渐降低;在黄土高原中部不同撂荒年限农地150年间的土壤理化性质变化过程中,土壤物理性质与撂荒年限及所处植被恢复阶段间联系紧密,其表层土壤容重会随着撂荒年限的增长而显著降低;在黄土高原进行退耕还林之后自然恢复的30年中,土壤侵蚀系数显著下降,且土壤结构和性质都得到改善,在恢复的前10年,土壤有机碳含量显著增加,而在之后的20年中,其他土壤参数在动态变化之后均逐渐稳定;在印度东北部不同退耕年限的弃耕地中,随着退耕年限的增长,土壤水分、总氮和有机碳含量均呈上升趋势,而土壤pH逐渐下降;在典型草原不同围封年限下,土壤碳、氮储量差异明显,随着围封年限的增加,土壤碳、氮储量逐渐上升,且在围封第14年之后,土壤养分含量达到最高值;在亚高山地区不同恢复阶段针叶林中,随着恢复年限的增加,人工林的物种多样性逐渐提高,土壤含水量、容重以及有机质含量等指标也随着物种多样性的增加而提高;科尔沁沙地不同围封年限的沙丘中植被和土壤性质互相影响,沙地的植被覆盖度、物种多样性、有机碳、全氮和电导率均随着围封年限的增加而提高,而且土壤黏粒含量、土壤有机碳、全氮、电导率及表层土壤含水量的空间异质性在植物群落演替中均呈先增加后降低的趋势;在鹤山丘陵地退化牧场自然恢复后,经过20年的自然植被恢复,土壤养分含量(可溶性氮、速效磷、速效钾和有机碳)已恢复到顶级植物群落的水平。

第一章　研究方法与研究内容

第一节　研究方法

一、研究区概况

（一）地理位置

本书选择我国黄土高原西部、甘肃省定西市的龙滩流域（35°43′～35°46′N，104°27′～104°31′E）及安家坡流域（35°35′N，104°39′E）作为研究区域。龙滩流域海拔 1 840～2 260 m，覆盖面积 16.1 km^2；安家坡流域海拔 1 900～2 250 m，流域面积 3.5 km^2。龙滩流域及安家坡流域的地理位置和样点分布如图 1-1 所示。

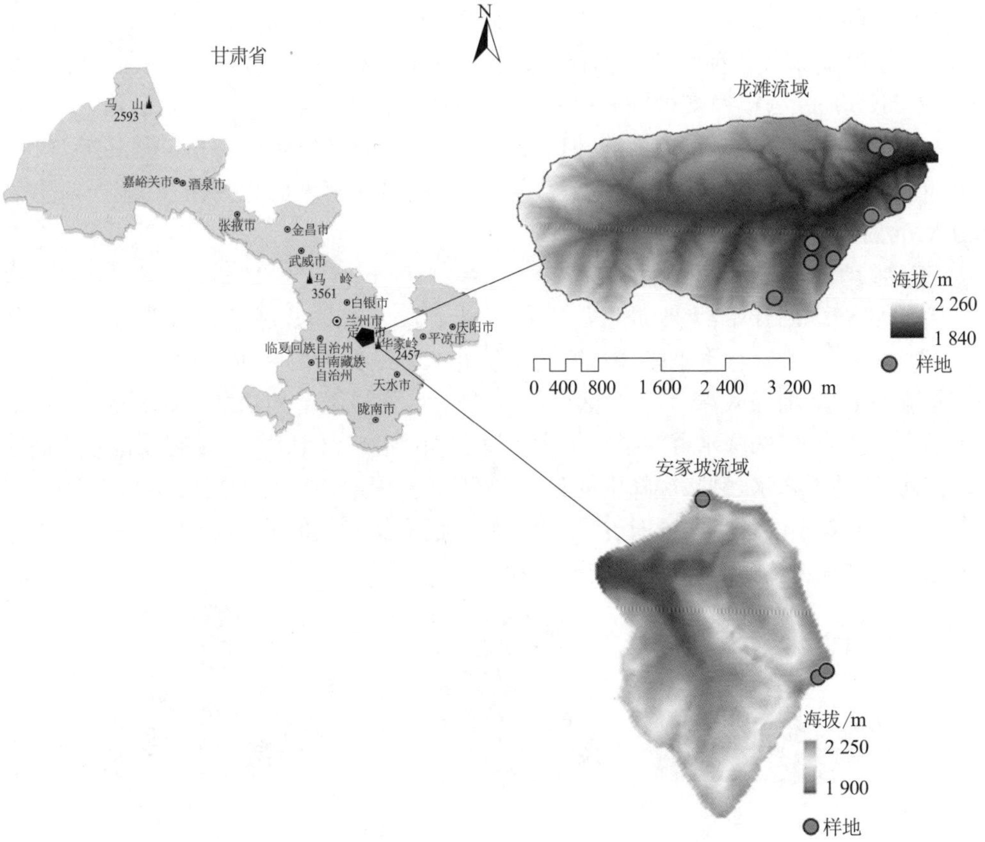

图 1-1　龙滩流域及安家坡流域的地理位置和样点分布

（二）气候特征

龙滩流域及安家坡流域均位于温带大陆性气候区，根据长期气候数据观测，龙滩流域平均气温 6.8 ℃，平均无霜期 152 d，年均降水量 386.3 mm；安家坡流域平均气温 6.3 ℃，平均无霜期 141 d，年均降水量 427.0 mm。研究区内降水分布极不均匀，两流域间的年内主要降水时间也略有差异，龙滩流域为 7—9 月，安家坡流域则在 5—10 月，且极端降雨事件多发。

（三）地形地貌

研究区地貌类型属于典型的黄土丘陵区，风蚀、水蚀严重，流域内沟壑纵横，地形以黄土长梁为主，地貌以梁状丘陵为主，坡度在 3°～15°，坡的上部和中部略缓而下部陡峭，因而坡位、坡度、坡向等地形因素对植被恢复效果也至关重要。

（四）植被及土壤状况

研究区内土质疏松且相对均一，土壤类型主要为黄绵土，同时土壤养分含量低，土壤钙含量高但有机质含量低，所以土壤结构发育不良。此外，在各种成土因素影响下，如气候、土壤母质特性等，土壤发育迟缓，同时形式单一，淋溶作用较弱且水养条件差，导致土壤剖面分化不明显，进而减弱了土壤层次。由于其原土壤条件较差，因此科学且适宜的整地及人工植被恢复措施对该区域生态系统恢复及脆弱生境的有效改善至关重要。

该地区地处黄土高原典型草原带，天然植被主要为多年生草本，共有 190 多种，优势种主要有赖草（*Leymus secalinus*）、阿尔泰狗娃花（*Heteropappus altaicus*）、长芒草（*Stipa bungeana*）等，人工植被优势种主要为油松（*Pinus tabuliformis*）、山杏（*Armeniaca sibirica*）、侧柏（*Platycladus orientalis*）、柠条（*Caragana korshinskii*）、紫花苜蓿（*Medicago sativa*）。尽管研究区内天然植被主要为多年生植被，但受人类活动影响，其原生生态遭到严重破坏，因此从 20 世纪 50 年代，当地开始进行生态恢复，在流域内栽植大面积的植被，故当前主要植被为人工植被。

（五）整地工程与水土保持措施

从 20 世纪中期开始，为改善生态环境，黄土丘陵沟壑区开展了大规模的整地工程并进行植被恢复。反坡台、水平阶和鱼鳞坑是研究区中最典型的几种整地方式（见图 1-2），均有着疏松土壤、加强入渗、减蓄地表径流并提高水分利用率的功能。研究表明，在干旱半干旱地区，将有限的降水资源进行最大限度的积蓄并有效利用，对生态效益有关键性影响。此外，该地区降水量低，次降水的分布也不均匀，因此在进行植被恢复时，应侧重于对有限且集中的降水的拦蓄。同时，当地相关部门也根据研究区的实际情况，选定了更适宜的整地工程措施，并总结了具体实施的经验。

(a)反坡台　(b) 水平阶　(c) 鱼鳞坑

图 1-2　研究区内典型的整地措施类型

二、研究目标

整地措施和植被恢复是黄土高原地区重要的生态恢复手段,大多数研究关注其直接生态效益或其在生态恢复过程中的作用,而缺乏对地下根系作用的研究,如不同恢复植被类型根系的生态效应。因此,本书基于野外调查和模拟降雨实验,具体比较了不同整地措施下典型植物群落中根系分布特征、土壤性质、植物养分含量以及植物不同部位水土保持能力差异,分析植物根系对于土壤性质的影响、植物土壤间养分流动循环规律及植物不同部位的减流减沙效益,从整地和植物根系角度探究物种组成和群落结构优化模式。

三、研究方法

(一)样地布设

根据对研究区内整地措施和植被恢复情况的实地调查,最终选取反坡台、水平阶和鱼鳞坑三种整地工程措施,以及油松、侧柏、山杏、柠条、紫花苜蓿、荒草(以未进行植被恢复荒草地作为对照,与植被恢复后样地的根系分布及土壤性质进行对比)6 种典型植被恢复类型,在龙滩、安家坡 2 个流域中共选定 12 个样地,其中龙滩流域 9 个,安家坡流域 3 个,采用罗盘仪记录各样地坡度和坡向,并用 GPS 记录样地的经纬度及海拔,此外,还观测记录了样地中植株的株高及胸径,不同样地的基本信息如表 1-1 所示。

(二)样品采集

采用探地雷达(GPR)探测粗根(直径≥2 mm)体积,GPR 天线频率为 500~2 000 Hz 并内置里程表(Noggin Plus, Sensors and Software Inc., Mississauga, ON, Canada)。本书中,使用 500 Hz 和 1 000 Hz 天线分别测定乔木样地(油松、侧柏、山杏)和灌木样地(柠条)1~4 m 及 0~1 m 土层的根系分布(因草本植物粗根含量极少,雷达探测观测不到其分布)。每个样地分上、中、下不同坡位选定 3 个样点,每次探测之前,清理掉样点样本植物基部周围地面的落叶和其他有机物。每棵样本植物围绕树干设定 4.0 m×1.2 m 和 1.2 m×1.2 m 两个方形区域分别测定 100~400 cm 及 0~100 cm 土层的根系分布,样本植物处于方形区域近似几何中心,重复测定 3 次,探测时沿着上有正交线、间隔为 0.1 m 的塑料方格纸收集 GPR 图像数据(见图 1-3)。

GPR 图像数据在 2018 年 5—7 月间收集完成,并按照 0~100 cm 土层每 3 cm 一张输出切片图像、100~400 cm 土层每 5 cm 一张输出切片图像。所有图像均经过降噪(去除背景信号噪声)、信号补偿(补偿因土壤深度增加而衰减的信号)和描绘(分析可能的根系反射信号)等过程加工处理,处理过程在 EKKO_ViewDeluxe 软件上完成。之后,在 GPR 信号与根系体积校准后,使用 ImageJ 1.48v 软件分析加工过图像数据的阈值,进而测定每张图像中描绘为粗根的像素数,从而得到不同土层粗根的体积。

表 1-1　样地的基本信息

流域	样地类型	坡向	坐标	株高/m	胸径/cm	林龄/a	其他信息	黏粒含量/%	粉粒含量/%	砂粒含量/%	土壤密度/(g/cm³)
龙滩流域	油松反坡台	半阴坡	35°44′11.6″N,104°30′14.3″E	7.33±0.47	8.91±0.87	45	反向坡度 19.0°,台长 1.57 m	24.83±2.26	70.56±2.25	4.61±0.20	1.13±0.06
	油松鱼鳞坑	半阴坡	35°44′24.6″N,104°30′29.4″E	7.30±1.69	9.70±1.50	45	坡度 14.3°,坑直径 0.80 m	24.88±2.15	70.70±2.15	4.42±0.15	1.12±0.06
	油松水平阶	半阴坡	35°44′29.8″N,104°30′37.3″E	8.00±1.08	11.35±1.73	45	台长 1.20 m	25.20±2.46	70.41±2.48	4.39±0.13	1.08±0.06
	侧柏水平阶	半阴坡	35°43′32.3″N,104°29′18.3″E	3.33±0.24	4.86±0.19	35	台长 1.30 m	22.74±1.02	72.17±0.87	5.09±0.84	1.11±0.03
	山杏水平阶	阴坡	35°43′57.3″N,104°29′58.9″E	5.17±0.24	14.54±0.40	35	台长 1.83 m	23.32±1.56	71.70±1.32	4.98±0.83	1.11±0.03
	柠条水平阶	半阴坡	35°45′5.9″N,104°30′24.1″E	1.32±0.12		40	台长 1.00 m	23.22±1.37	72.03±1.18	4.75±0.42	1.15±0.03
	柠条水平阶	阳坡	35°45′5.9″N,104°30′24.1″E	1.45±0.13		40	台长 1.09 m	22.87±1.50	71.94±1.21	5.19±0.64	1.16±0.04
	紫花苜蓿坡地	半阴坡	35°44′8.0″N,104°29′41.4″E	0.62±0.06		20	坡度 13.0°	24.17±1.32	70.98±0.82	4.85±0.82	1.11±0.05
	荒草坡地	半阴坡	35°43′56.0″N,104°29′39.8″E	0.51±0.11		30	坡度 32.2°	16.55±3.42	77.81±3.10	5.64±0.52	1.11±0.06
安家坡流域	侧柏水平阶	半阴坡	35°35′16.7″N,104°38′53.8″E	3.52±0.28	6.11±0.23	30	台长 7.68 m	22.74±1.04	72.17±0.88	5.09±0.86	1.11±0.04
	山杏水平阶	阳坡	35°34′36.9″N,104°39′12.4″E	6.87±0.45	16.78±0.67	40	台长 1.87 m	23.64±1.69	71.71±1.59	4.66±0.45	1.12±0.05
	山杏水平阶	半阴坡	35°34′36.9″N,104°39′12.4″E	7.15±0.49	17.13±0.97	40	台长 1.47 m	22.16±1.96	72.97±1.69	4.87±0.76	1.09±0.04

注:粒径分级依据美国农业部(USDA)土壤质地分级系统,即砂粒(50~2 000 μm)、粉粒(2~50 μm)、黏粒(<2 μm)。

图 1-3 GPR 实地探测图

使用内径为 10 cm 的根钻采集细根(直径<2 mm)样品,为保证采样的均匀性及科学性,乔木样地(油松、侧柏、山杏)以每棵样本植物为中心呈放射性取 6 个点(距离为 0.5 m 和 1.5 m,各 3 个点),按 20 cm 间隔进行取样,取样深度为 1.6 m,具体设置如图 1-4 所示。灌木及草本样地(柠条、紫花苜蓿、荒草)在每个样点按"品"字形取 3 个点进行分散随机采样,采样间隔与取样深度和乔木样地一致。此外,所有样地中在上、中、下不同坡位均使用内径为 5 cm 的土钻采集土样,在每个坡位随机取 3 个点,取样深度为 200 cm,每 20 cm 一个土样,并在每个样地分上、中、下坡位采集 3 个枝条样本。采样后,所有植物根系、枝条及土壤样品装至塑料封口袋中运送至实验室进行处理,上述所有采样工作均在 2018 年生长季完成。

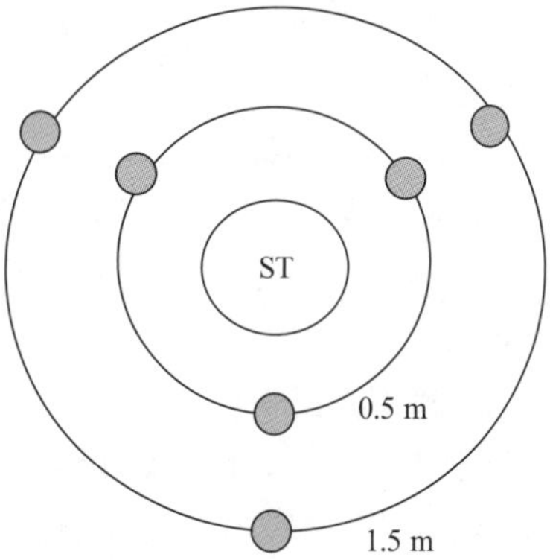

图 1-4 乔木样地采样点示意图
(ST:样本树)

(三)样品分析方法

1.植物根系及枝条样品分析方法

在实验室中,将所有根系样品过 0.8 mm 筛分离土壤与植物根系,然后使用游标卡尺测定分离出的植物根系的径级,将其分为粗根(≥2 mm)和细根(<2 mm),同时估测粗根根段的体积(假设其均为圆柱形进行计算),之后将粗根样品置于烘箱中 65 ℃烘干 48 h 后称重计算其质量密度。将粗根质量密度与 GPR 测得的粗根体积相乘得到粗根生物量密度(由于粗根空间分布的不均匀性,为提高精确度,本书分别使用 GPR 法和根钻法测定粗根体积及质量密度来计算粗根生物量密度)。在使用流水清洗后,使用 winRHIZO 分析细根样品的形态学指标(根长密度、根体积密度和根表面积密度),最后将扫描分析后的细根样品装至牛皮纸信封中,在烘箱中 65 ℃烘干至恒重后称取质量,从而得到不同土层的细根生物量密度。

将枝条样品先使用流水清洗干净,再在烘箱中 65 ℃烘干至恒重,将烘干的细根样品与枝条样品粉碎后过 0.15 mm 筛,用于测定其中有机碳含量和全氮含量,具体测定方法与土壤养分测定方法相同。

2.土壤样品分析方法

不同土层的土壤容重及水分含量使用土钻法进行测定。此外,所有土壤样品在理化分析之前均经过风干处理,并移除其中的碎石块及细小植物组织,然后分别过 2 mm 筛和 0.25 mm 筛用于土壤物理性质(粒径分布)和化学性质(土壤有机碳、总氮、总磷)的测定。土壤有机碳、土壤总氮和土壤总磷分别使用 500 ℃干烧法、凯氏定氮法和氢氧化钠熔融-钼锑抗比色法进行测定。

土壤粒径分布的测定方法为激光粒度分析仪法,测定步骤如下:首先,对土样进行预处理,称取 1.5 g 过筛后土壤样品放入 100 mL 烧杯,加入 6%过氧化氢(双氧水)及盐酸(浓盐酸:超纯水为1:2)去除其中的有机质、碳酸盐和氧化物。然后,在蒸馏水中浸湿 24 h,去除上清液后,加入 0.4%六偏磷酸钠(30.5 g:1 L 超纯水配制)后振荡 10 min,之后进行上机测试。

(四)气象资料获取

在研究区内布置了完备的气象数据监测仪器,如自记式雨量计、便携式气象站,记录龙滩、安家坡 2 个流域中的常规气象数据,包括太阳辐射、降水量、气温、相对湿度、风速、风向和气压等。

(五)模拟降雨实验

研究中使用的 4 个模拟降雨径流小区均在 2013 年建立完成,其中包括当地 3 种典型植物群落:侧柏、冰草和紫花苜蓿,并以裸地小区作为对照,对比各植被类型的减流减蚀能力差异。各小区的规格和面积均相同,长、宽、高分别为 2.0 m、1.8 m 和 0.4 m,坡度统一为 17°,径流小区使用水泥材料进行建造以防止漏水,厚度为 25 cm。

本书使用的模拟降雨系统为由美国土壤侵蚀研究所和美国农业部合作开发制作的 Norton 模拟降雨系统。该模拟降雨系统利用振荡原理来模拟自然降雨,进而在坡面上模拟土壤侵蚀过程。降雨系统的出水喷嘴放置在距地面 2.2 m 的地方,从而保证降雨的均匀性和自然性,并使得雨滴有充足的动能。在实验进行前,预先准备一个可调节铁架来支撑模拟降雨系统,最高高度为 3 m,确保满足降雨要求。出水喷嘴位于模拟降雨系统顶部,高度为 2.2 m,使用橡胶软管将各出水口与移动水泵相连,模拟降雨时通过调节水压和喷嘴的转动频率来控制降雨强度。例如,在恒定水压下,使喷头转动频率在 23 次/min 和 48 次/min 之间切换,可将模拟降雨强度调节为 15.88~33.70 mm/h。

第二节　研究内容

一、研究的具体内容

研究分析不同整地措施下典型植物群落中根系密度及根系形态学分布,探究整地措施及植物群落对根系分布的影响,以及植物根系在不同坡位、坡向和小流域间的分布差异。

以不同整地措施下典型植物群落中的根系分布特征、植物养分含量和土壤性质为研究基础,分析植物根系对土壤性质的具体作用及其影响机制,探究植物土壤间养分流动规律，并对比乔灌草间差异。

采用模拟降雨实验对植物在不同地上部分高度及不同降雨强度下的产流产沙过程进行模拟，对比不同条件下的产流产沙响应，分析植物枝叶、茎干、根系等不同部位的水土保持能力差异。

二、研究的技术路线

技术路线如图 1-5 所示。

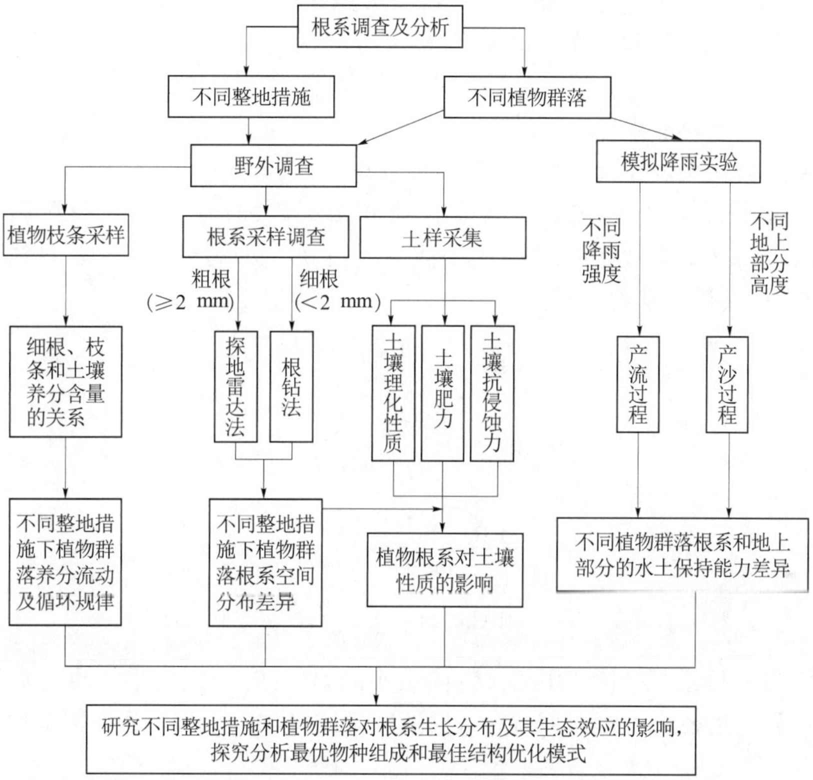

图 1-5　技术路线

三、数据处理与统计分析

（一）土壤粒径分形维数

土壤粒径的分形维数（D）由土壤粒径体积分布计算得到。

（二）土壤可蚀性

土壤可蚀性（K）的计算公式如下：

$$K_{\mathrm{EPIC}} = \left[0.2 + 0.3\mathrm{e}^{-0.0256 S_1\left(1-\frac{S_2}{100}\right)}\right]\left(\frac{S_2}{n + S_2}\right)^{0.3} \cdot \left(1 - \frac{0.25C}{C + \mathrm{e}^{3.72-2.95C}}\right)\left(1 - \frac{0.7S_3}{S_3 + \mathrm{e}^{-5.51+22.9S_3}}\right) \tag{1-1}$$

式中：S_1、S_2和 n 分别为砂粒、粉粒和黏粒含量(%)，$S_3 = 1 - S_1/100$；C 为土壤有机碳含量(%)。

此外，对于我国土壤的可蚀性计算，K 值被证实需要增加一个校正系数得到 K'：

$$K' = -0.01383 + 0.51575 K_{EPIC} \tag{1-2}$$

(三)土壤抗冲性及相对土壤剥离率

为评估植物根系对于土壤抗侵蚀潜力的影响，使用土壤抗冲性(AS)和相对土壤剥离率(RSD)两个指标来反映植物根系的作用：

$$AS = 9.5786 \times RSAD^{0.8321} \tag{1-3}$$

式中：RSAD 为根系表面积密度，cm^2/cm^3；AS 的单位为 L/g。

$$RSD = e^{-0.93RD} \tag{1-4}$$

式中：RD 为根系生物量密度，kg/m^3。

(四)模拟降雨地表径流与土壤侵蚀参数计算

在模拟降雨实验中，通过监测地表径流和土壤侵蚀，计算地表径流速率[RR_{xy}，$L/(m^2/h)$]、地表径流系数(RC_{xy}，%)、侵蚀速率[ER_{xy}，$g/(m^2 \cdot h)$]和泥沙浓度(EC_{xy}，g/L)四个参数，其计算方式如下：

$$RR_{xy} = \frac{1}{x}\sum_{x=1}^{x}\frac{R_{xy}}{A_y t} \tag{1-5}$$

$$RC_{xy} = \frac{1}{x}\sum_{x=1}^{x}\frac{R_{xy}}{A_y D_{xy}} \tag{1-6}$$

$$ER_{xy} = \frac{1}{x}\sum_{x=1}^{x}\frac{E_{xy}}{A_y t} \tag{1-7}$$

$$EC_{xy} = \frac{1}{x}\sum_{x=1}^{x}\frac{E_{xy}}{R_{xy}} \tag{1-8}$$

式中：x 为径流小区进行模拟降雨的次数；y 为小区编号；R_{xy}为径流小区的径流量；A_y为径流小区的面积；t 为径流持续时间；D_{xy}为模拟降雨的降雨深度；E_{xy}为模拟降雨的土壤侵蚀量。

(五)统计分析

数据的正态性和同质性分别使用 Kolmogorov-Smirnov 检验和Levene's检验进行测定($P>0.05$)，均使用 SPSS 20.0 Column(IBM，USA)进行分析。检验后使用单因素方差分析、多重比较(Tukey's HSD 检验)和独立性 t 检验分析不同植物群落、不同整地工程措施、不同坡位、不同坡向及不同小流域间各个因子的差异($P>0.05$)，上述统计分析在 Excel 2013 和 SPSS 20.0 Column(IBM，USA)上进行。反映各因子(如根系密度、根系形态学参数、土壤性质等)间相互影响关系的冗余分析(RDA)、典范对应分析(CCA)和结构方程模型(SEM)分别使用 Canoco 5.0(Microcomputer Power，USA)和 AMOS 22.0(IBM，USA)进行分析。此外，所有反映参数变化及相关性(Pearson 相关系数，$P\leqslant 0.05$)的图表利用 Origin 9.0(Originlab，Northampton，Massachusetts，USA)和 SPSS 20.0 Column(IBM，USA)进行绘制。

第二章　不同整地措施和植物群落对根系分布的影响

在干旱和半干旱地区，整地措施可以有效提高该地区的水土保持能力，减少水土流失并促进植被恢复。在我国黄土高原地区，由于当地水土流失严重，造成了普遍的环境退化，因而实施多种整地措施来控制生态环境继续恶化，比如水平阶、水平沟、反坡台和鱼鳞坑等。在生态恢复过程中，整地措施对于提高苗木成活概率、修复退化生态和形成积极演替模式均有着重要的促进作用。

同时，植物根系（粗根和细根）在生态系统碳氮循环及其固定中有十分重要的作用，而且地下部分生物量也是森林生态系统总生物量的关键组分。比如，在许多森林生态系统中，22%~63%的总初级生产力被转输至植物地下部分，而且这些碳流动过程与大多数土壤活动息息相关，进而影响着生态系统的生产力以及生物地化循环。

除根系生物量密度外，植物根系形态学指标，如根长密度和根表面积密度，也是衡量植物根系生长发育特征、探索土壤环境和吸收水分养分能力的重要指标，能反映出植物生存环境的养分潜能和植物根系的生理生态功能，对生态恢复有重要影响。因此，本书选定黄土高原不同整地措施（反坡台、水平阶、鱼鳞坑）下的油松林，不同植物群落（油松、侧柏、山杏、柠条、紫花苜蓿和荒草）下的退耕还林地为研究对象，基于野外调查采样和室内实验分析，探讨不同整地措施下各植物群落的根系垂直分布差异，以及坡向、坡位和小流域气候对植物根系分布的影响，为生态系统恢复过程中最优整地措施和植物群落选择及建立相应评价标准提供理论基础。

第一节　油松在不同整地措施下的根系垂直分布特征差异

一、总根系密度分布差异

研究表明，整地措施会从各个方面影响植物生长。通过水平化坡面，整地措施的固土和保水作用会营造更好的植物生长环境。具体来说，整地措施可以蓄存大量降水，提高土壤水分、养分有效性，提高土地生产力，进而增大冠幅，促进植物生长。所以，整地后的土地植物生长状况更好，且可以通过雨水截留提高立地土壤质量。此外，整地措施提高了有限水分供给的累积，为植物呼吸和生长提供了更多的可利用水分，从而增强了植物水分利用效率。整地措施也会提高植物幼苗成活概率，增加植物再生速率和根系渗透，进而促进生态系统恢复。不同整地措施下的油松林均有着独特的根系分布特征，其总根系密度随土层深度的变化如图 2-1 所示。

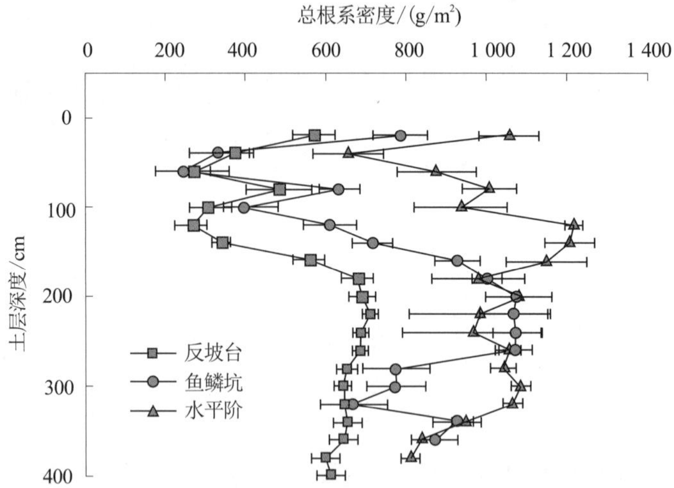

图 2-1　三种不同整地措施下油松林的总根系密度垂直分布差异

如图 2-1 所示,三种不同整地措施下油松林总根系密度(粗根密度+细根密度)分布差异显著(P<0.05),随着土壤深度增加,在 0~400 cm 内均有相近的变化趋势,在浅层土壤(0~100 cm)中先减少后增加再减少,而在深层土壤(100~400 cm)中先增加后稳定在一定范围内,且浅层土壤的平均根系密度均小于深层土壤。此外,在 0~400 cm 土层中,水平阶油松林的累计总根系密度(不同土层的累加值)为 18.14 kg/m^2,显著高于鱼鳞坑(13.95 kg/m^2)和反坡台(9.84 kg/m^2)(P<0.05),其原因可能为不同整地措施的物理结构差异导致了植被冠层结构以及水分利用效率的差异,进而影响植物的呼吸和生长。同时,浅层土壤中水平阶油松林总根系密度显著高于其他两种整地措施;深层土壤中,反坡台油松林的总根系密度最低,其他两种整地措施间则无显著差异(P<0.05)。

二、细根密度分布差异

三种不同整地措施下油松林细根(<2 mm)密度变化如图 2-2 所示。

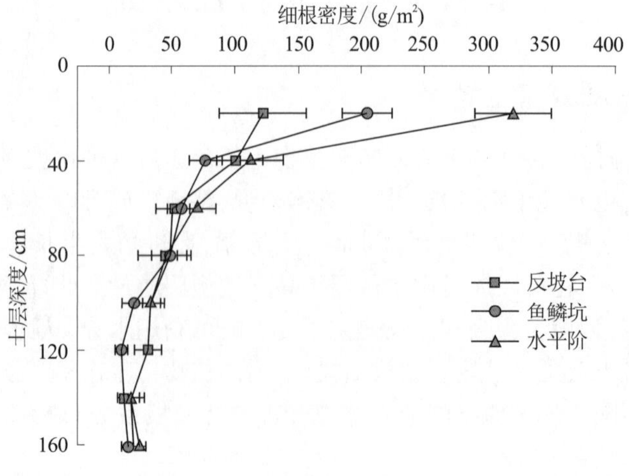

图 2-2　三种不同整地措施下油松林细根(<2 mm)密度变化

由图 2-2 可知，不同整地措施下细根密度差异显著，且随土层加深，细根密度显著减少($P<0.05$)，且在 0～160 cm 土壤剖面中，50%以上的细根分布于上层土壤(0～40 cm，见表 2-1)，该结果与之前许多研究类似。具体来说，在 0～40 cm 土层中，水平阶细根密度显著高于其他两种整地措施，但在更深的土层(40～160 cm)中，水平阶和反坡台细根密度间无显著差异，而鱼鳞坑在 100～120 cm 土层的细根密度显著低于其他两种整地措施(见图 2-2、表 2-1，$P<0.05$)。

表 2-1　三种不同整地措施下油松林细根参数的各土层对比

整地措施	土层深度/cm	细根密度 FRB/(g/m^2)	细根长度密度 FRL/(cm/cm^2)	细根表面积密度 FRSA/(cm^2/cm^2)	细根体积密度 FRV/(cm^3/m^2)
反坡台	0～20	121.77^{c}±18.16	14.76^{c}±2.61	1.88^{b}±0.22	319.66^{b}±35.16
	20～40	100.86^{ab}±8.18	8.10^{a}±1.34	1.13^{a}±0.18	222.39^{a}±28.61
	40～60	50.72^{a}±5.79	3.67^{ab}±0.74	0.53^{a}±0.09	108.45^{a}±15.79
	60～80	47.66^{a}±4.16	3.15^{a}±0.69	0.49^{a}±0.05	101.87^{a}±16.46
	80～100	31.92^{a}±3.19	1.76^{a}±0.31	0.30^{a}±0.04	65.60^{a}±8.67
	100～120	30.11^{a}±3.02	1.95^{a}±0.34	0.32^{a}±0.04	69.02^{a}±7.34
	120～140	16.88^{a}±1.89	1.48^{a}±0.26	0.23^{a}±0.02	47.61^{a}±4.64
	140～160	19.61^{a}±1.64	1.59^{a}±0.14	0.24^{a}±0.02	49.27^{a}±4.88
水平阶	0～20	319.08^{a}±30.64	28.44^{a}±3.61	3.48^{a}±0.67	599.60^{a}±61.97
	20～40	112.06^{a}±9.67	6.98^{a}±0.94	1.00^{a}±0.17	200.54^{a}±30.46
	40～60	69.02^{a}±6.83	4.24^{a}±0.86	0.69^{a}±0.09	144.47^{a}±28.34
	60～80	44.04^{a}±4.38	2.63^{a}±0.35	0.42^{a}±0.08	91.84^{a}±8.71
	80～100	33.90^{a}±3.99	1.52^{a}±0.33	0.23^{a}±0.04	46.16^{a}±6.37
	100～120	31.43^{a}±3.64	1.51^{ab}±0.28	0.25^{a}±0.06	53.70^{a}±6.44
	120～140	17.94^{a}±2.18	1.23^{a}±0.16	0.18^{a}±0.01	37.74^{a}±4.13
	140～160	24.60^{a}±4.31	1.14^{ab}±0.15	0.19^{ab}±0.02	40.44^{a}±4.55
鱼鳞坑	0～20	204.13^{b}±34.97	20.94^{b}±2.97	2.42^{b}±0.28	392.45^{a}±32.82
	20～40	76.73^{b}±8.64	4.43^{b}±0.44	0.65^{b}±0.08	127.57^{b}±16.18
	40～60	57.07^{a}±5.69	3.04^{b}±0.41	0.52^{a}±0.06	111.67^{b}±15.89
	60～80	48.07^{a}±6.16	2.21^{a}±0.29	0.40^{a}±0.05	88.17^{a}±15.11
	80～100	21.12^{a}±3.84	1.10^{a}±0.18	0.19^{a}±0.02	43.64^{a}±6.31
	100～120	10.08^{b}±2.33	0.99^{b}±0.13	0.14^{b}±0.02	25.66^{b}±3.43
	120～140	10.44^{a}±1.96	1.02^{a}±0.14	0.14^{a}±0.01	25.98^{b}±3.27
	140～160	15.16^{a}±2.01	0.92^{b}±0.08	0.14^{b}±0.02	25.54^{b}±2.77

注：不同小写字母表示不同整地措施同一土壤深度间差异显著($P<0.05$)且均使用 Tukey's HSD 检验进行多重比较。

三、细根形态学密度分布差异

如表 2-1 所示,不同整地措施下油松林细根形态学密度(细根长度密度、细根表面积密度和细根体积密度)差异显著($P<0.05$),且随土层加深,细根长度密度、细根表面积密度和细根体积密度均逐渐降低。总体而言,在 0~160 cm 土层中,水平阶细根形态学密度在三种整地措施中最高($P<0.05$)。表层土壤(0~20 cm)中,三种整地措施细根密度与细根长度密度的差异类似,均为水平阶>鱼鳞坑>反坡台。

具体来说,在 20~160 cm 土层中,水平阶和反坡台细根形态学密度间均无显著差异;而在 20~60 cm、100~120 cm 和 140~160 cm 土层中,鱼鳞坑细根长度密度显著低于水平阶($P<0.05$)。在 20~40 cm、100~120 cm 和 140~160 cm 土层中,鱼鳞坑细根表面积密度显著低于水平阶($P<0.05$);在 20~60 cm 和 100~160 cm 土层中,鱼鳞坑细根体积密度显著低于水平阶($P<0.05$)。同时,水平阶总根系密度和细根参数(细根密度、细根长度密度、细根表面积密度和细根体积密度)在 0~160 cm 土层和上层土(0~40 cm)中均显著高于反坡台和鱼鳞坑(见图 2-1、表 2-1,$P<0.05$),说明整地措施可能会通过影响植物土壤水分利用效率间接影响植物根系的生长发育。

四、坡位对根系分布的影响

本书通过对比三种整地措施(反坡台、水平阶和鱼鳞坑)下油松林在不同坡位的细根参数差异,研究坡位对植物根系分布的影响。

如图 2-3 所示,在三种整地措施油松林中,反坡台和水平阶上坡位表层土壤(0~20 cm)细根密度均显著高于中坡位和下坡位($P<0.05$),反坡台上坡位和中坡位 20~100 cm 和 140~160 cm 土层的细根密度均高于下坡位,而水平阶和鱼鳞坑下坡位 60~80 cm 土层的细根密度却高于上坡位和中坡位。此外,在反坡台 0~60 cm 土层中,下坡位细根长度密度在各坡位中最低(见表 2-2,$P<0.05$)。在水平阶 80~120 cm 土层和鱼鳞坑表层土(0~40 cm)中,上坡位细根长度密度最高(见表 2-3 和表 2-4,$P<0.05$)。在所有整地措施中,上坡位表层土(0~20 cm)细根表面积密度均最高,且在水平阶 60~120 cm 土层和鱼鳞坑 80~100 cm 土层也观测到类似的情况,而细根体积密度在不同坡位上的差异总体上不显著(见表 2-2~表 2-4,$P<0.05$)。

此外,在所有整地措施的表层土(0~20 cm)中,上坡位和中坡位细根参数均显著高于下坡位(见表 2-2~表 2-4,$P<0.05$)。同时,这类差异在各样地中均有发现:反坡台的细根密度分布和细根长度密度分布(见表 2-2,$P<0.05$)、水平阶的细根表面积密度分布和细根体积密度分布(见表 2-3,$P<0.05$)以及鱼鳞坑的细根长度密度分布和细根表面积密度分布(见表 2-4,$P<0.05$)。

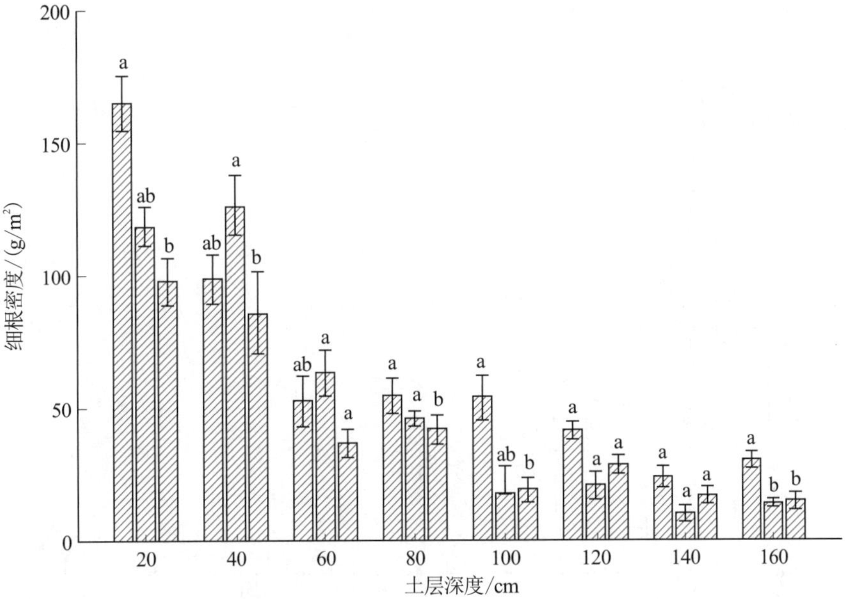

(a)反坡台

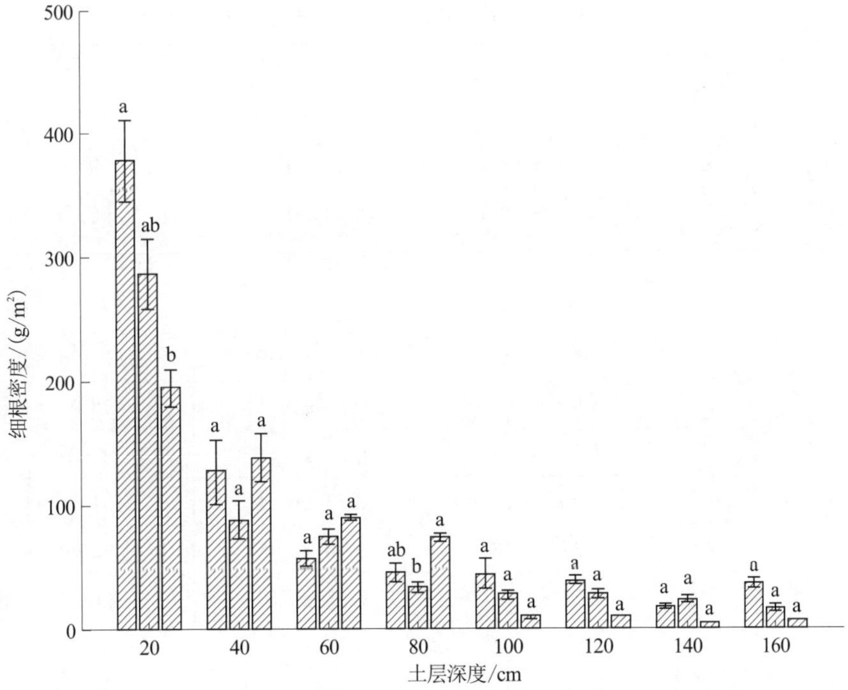

(b)水平阶

图 2-3　三种整地措施下油松林不同坡位的细根密度分布差异

(在每一土层,从左至右顺序均为上坡位、中坡位和下坡位,

不同小写字母表示该整地类型同一土壤深度不同坡位间差异显著,$P<0.05$。)

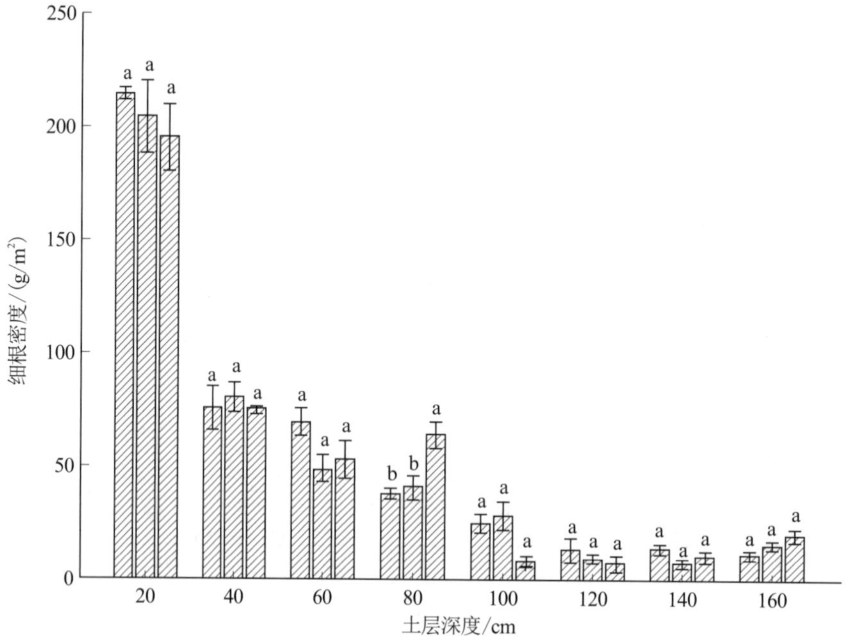

(c)鱼鳞坑

续图 2-3

表 2-2　反坡台油松林不同坡位间细根形态学密度差异

土层深度/cm	坡位	细根长度密度 FRL/(cm/cm²)	细根表面积密度 FRSA/(cm²/cm²)	细根体积密度 FRV/(cm³/m²)
0~20	上	18.70ᵃ±3.74	2.19ᵃ±0.44	359.29ᵃ±33.11
	中	15.87ᵃᵇ±2.86	2.13ᵃ±0.38	346.06ᵃ±38.45
	下	9.72ᵇ±1.94	1.33ᵇ±0.27	253.62ᵃ±39.94
20~40	上	8.00ᵃᵇ±1.44	1.03ᵇ±0.19	185.36ᵇ±14.74
	中	10.40ᵃ±2.08	1.49ᵃ±0.30	303.76ᵃ±26.76
	下	5.90ᵇ±1.06	0.86ᵇ±0.15	178.05ᵇ±11.04
40~60	上	4.33ᵃ±0.87	0.57ᵃ±0.11	103.74ᵃ±9.59
	中	4.30ᵃ±0.77	0.63ᵃ±0.11	131.11ᵃ±13.34
	下	2.39ᵇ±0.48	0.40ᵃ±0.08	90.49ᵃ±8.41
60~80	上	3.56ᵃ±0.64	0.53ᵃ±0.10	106.16ᵃ±9.63
	中	3.50ᵃ±0.74	0.54ᵃ±0.11	110.01ᵃ±10.24
	下	2.39ᵃ±0.43	0.41ᵃ±0.07	89.45ᵃ±7.93
80~100	上	2.23ᵃ±0.45	0.40ᵃ±0.08	93.05ᵃ±7.06
	中	1.73ᵃ±0.31	0.28ᵃ±0.05	58.95ᵃ±4.22
	下	1.32ᵃ±0.26	0.21ᵃ±0.04	44.80ᵃ±4.89

续表 2-2

土层深度/cm	坡位	细根长度密度 FRL/(cm/cm²)	细根表面积密度 FRSA/(cm²/cm²)	细根体积密度 FRV/(cm³/m²)
100~120	上	2.18ᵃ±0.39	0.39ᵃ±0.07	89.74ᵃ±7.52
	中	1.90ᵃ±0.38	0.27ᵃ±0.04	55.50ᵃ±5.71
	下	1.76ᵃ±0.32	0.29ᵃ±0.05	61.83ᵃ±6.81
120~140	上	1.37ᵃ±0.27	0.25ᵃ±0.04	57.43ᵃ±5.54
	中	1.50ᵃ±0.27	0.18ᵃ±0.03	34.09ᵃ±3.11
	下	1.56ᵃ±0.31	0.25ᵃ±0.05	51.31ᵃ±5.36
140~160	上	1.47ᵃ±0.26	0.26ᵃ±0.03	59.40ᵃ±5.47
	中	1.74ᵃ±0.35	0.23ᵃ±0.05	46.42ᵃ±4.19
	下	1.55ᵃ±0.28	0.22ᵃ±0.04	41.99ᵃ±4.70

注:不同小写字母表示同一土壤深度不同坡位间差异显著($P<0.05$)且均使用 Tukey's HSD 检验进行多重比较。

表 2-3 水平阶油松林不同坡位间细根形态学密度差异

土层深度/cm	坡位	细根长度密度 FRL/(cm/cm²)	细根表面积密度 FRSA/(cm²/cm²)	细根体积密度 FRV/(cm³/m²)
0~20	上	32.79ᵃ±3.61	4.19ᵃ±0.46	756.3ᵃ±53.19
	中	26.96ᵃ±3.77	3.20ᵃᵇ±0.45	531.57ᵇ±44.42
	下	25.57ᵃ±2.81	3.04ᵇ±0.33	510.92ᵇ±46.20
20~40	上	7.47ᵃ±1.05	1.09ᵃ±0.15	213.71ᵃ±19.92
	中	8.03ᵃ±0.88	1.01ᵃ±0.11	186.3ᵃ±18.49
	下	5.43ᵃ±0.76	0.90ᵃ±0.13	201.6ᵃ±18.22
40~60	上	4.11ᵃ±0.45	0.62ᵃ±0.07	118.44ᵃ±13.03
	中	4.21ᵃ±0.59	0.65ᵃ±0.09	135.19ᵃ±11.93
	下	4.40ᵃ±0.48	0.79ᵃ±0.09	179.77ᵃ±12.77
60~80	上	2.83ᵃ±0.40	0.45ᵃᵇ±0.06	94.57ᵃᵇ±8.24
	中	2.10ᵃ±0.23	0.30ᵇ±0.03	57.52ᵇ±6.33
	下	2.97ᵃ±0.42	0.52ᵃ±0.07	123.44ᵃ±10.28
80~100	上	2.48ᵃ±0.27	0.38ᵃ±0.04	78.18ᵃ±7.60
	中	1.25ᵃᵇ±0.18	0.19ᵇ±0.03	39.53ᵇ±5.53
	下	0.83ᵇ±0.09	0.12ᵇ±0.01	20.78ᵇ±2.29

续表 2-3

土层深度/cm	坡位	细根长度密度 FRL/(cm/cm^2)	细根表面积密度 FRSA/(cm^2/cm^2)	细根体积密度 FRV/(cm^3/m^2)
100~120	上	2.64^a±0.37	0.40^a±0.06	81.55^a±7.42
	中	1.32^b±0.15	0.22^{ab}±0.02	50.3^{ab}±5.53
	下	0.59^b±0.08	0.12^b±0.02	29.25^a±4.10
120~140	上	1.57^a±0.17	0.23^a±0.03	46.17^a±5.08
	中	1.72^a±0.24	0.25^a±0.04	53.46^a±6.48
	下	0.41^a±0.05	0.07^a±0.01	13.60^a±1.50
140~160	上	1.78^a±0.25	0.32^a±0.04	72.75^a±6.19
	中	1.12^a±0.12	0.17^a±0.02	34.52^a±3.80
	下	0.53^a±0.07	0.08^a±0.01	14.04^a±1.97

注：不同小写字母表示同一土壤深度不同坡位间差异显著(P<0.05)且均使用 Tukey's HSD 检验进行多重比较。

表 2-4 鱼鳞坑油松林不同坡位间细根形态学密度差异

土层深度/cm	坡位	细根长度密度 FRL/(cm/cm^2)	细根表面积密度 FRSA/(cm^2/cm^2)	细根体积密度 FRV/(cm^3/m^2)
0~20	上	26.06^a±2.87	2.65^a±0.29	384.3^a±42.27
	中	21.98^b±3.08	2.62^a±0.37	434.43^a±50.82
	下	14.77^b±1.62	1.97^b±0.22	358.62^a±39.45
20~40	上	5.40^a±0.76	0.72^a±0.10	132.26^a±11.52
	中	3.78^b±0.42	0.61^a±0.07	126.54^a±12.92
	下	4.12^{ab}±0.58	0.62^a±0.09	123.92^a±12.35
40~60	上	3.23^a±0.36	0.54^a±0.06	116.05^a±12.77
	中	3.12^a±0.44	0.50^a±0.07	107.28^a±10.02
	下	2.75^a±0.30	0.51^a±0.06	111.69^a±10.29
60~80	上	1.66^b±0.23	0.30^b±0.04	66.51^b±9.31
	中	2.63^a±0.29	0.45^a±0.05	93.80^{ab}±10.32
	下	2.34^{ab}±0.33	0.45^a±0.06	104.19^a±9.59
80~100	上	1.21^a±0.13	0.21^{ab}±0.02	48.62^a±5.35
	中	1.36^a±0.19	0.24^a±0.03	56.02^a±6.84
	下	0.72^b±0.08	0.13^b±0.01	26.28^a±2.89

续表 2-4

土层深度/cm	坡位	细根长度密度 FRL/(cm/cm^2)	细根表面积密度 FRSA/(cm^2/cm^2)	细根体积密度 FRV/(cm^3/m^2)
100~120	上	$1.17^a \pm 0.16$	$0.16^a \pm 0.02$	$29.65^a \pm 4.15$
	中	$0.93^a \pm 0.10$	$0.13^a \pm 0.01$	$25.30^a \pm 2.78$
	下	$0.89^a \pm 0.12$	$0.12^a \pm 0.02$	$22.01^a \pm 3.08$
120~140	上	$1.12^a \pm 0.12$	$0.17^a \pm 0.02$	$32.98^a \pm 3.63$
	中	$0.89^a \pm 0.12$	$0.11^a \pm 0.02$	$18.94^a \pm 2.65$
	下	$1.06^a \pm 0.12$	$0.15^a \pm 0.02$	$26.03^a \pm 2.86$
140~160	上	$1.08^a \pm 0.15$	$0.14^a \pm 0.02$	$24.08^a \pm 3.37$
	中	$1.06^a \pm 0.12$	$0.16^a \pm 0.02$	$31.74^a \pm 3.49$
	下	$0.64^a \pm 0.09$	$0.10^a \pm 0.01$	$20.78^a \pm 2.91$

注:不同小写字母表示同一土壤深度不同坡位间差异显著($P<0.05$)且均使用 Tukey's HSD 检验进行多重比较。

第二节　不同植物群落的根系垂直分布特征差异

植被固土是水土保持中最根本和最有效的方法之一,而植物根系也是生态系统的重要组成部分,在碳循环、养分循环和保水固土等方面有着重要作用。植物细根(<2 mm)是森林吸收土壤水分和养分的主要器官,所以细根在土层中的垂直分布与植物在土壤中的营养空间大小以及对土壤水分和养分的利用紧密相关,并影响植物的生长发育过程。

一、总根系密度分布差异

不同植物群落的总根系密度垂直分布如图 2-4 所示。

从图 2-4 可看出,在 0~400 cm 土壤剖面中,不同植物群落(油松、山杏、侧柏和柠条)总根系密度(粗根和细根总和,因草本植物的粗根含量极少,故未在图 2-4 中体现)差异显著($P<0.05$),且乔木(油松、侧柏和山杏)累计总根系密度显著高于灌木(柠条),油松总根系密度显著高于其他植物群落($P<0.05$)。此外,4 种植物群落总根系密度随土层深度增加的变化趋势相似,在较浅土层(0~100 cm)中均为先降低后增加,在深层土(100~400 cm)中表现为先降低后增加最后稳定在一定范围内的趋势。

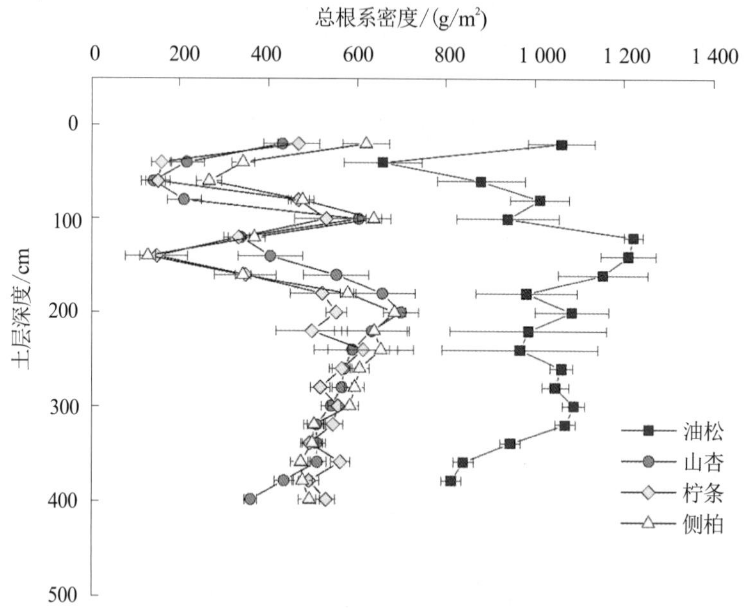

图 2-4　不同植物群落的总根系密度垂直分布

二、细根密度分布差异

不同植物群落(油松、侧柏、山杏、柠条、紫花苜蓿和荒草)细根密度随土层深度的变化如图 2-5 所示,在 0~160 cm 土层中,不同植物群落细根密度差异显著($P<0.05$)且均随着土层加深而显著降低,且除紫花苜蓿外,其他植物群落细根均集中分布在上层土壤(0~40 cm)。在表层土(0~20 cm)中,紫花苜蓿细根密度显著低于其他 5 种植物群落,而在

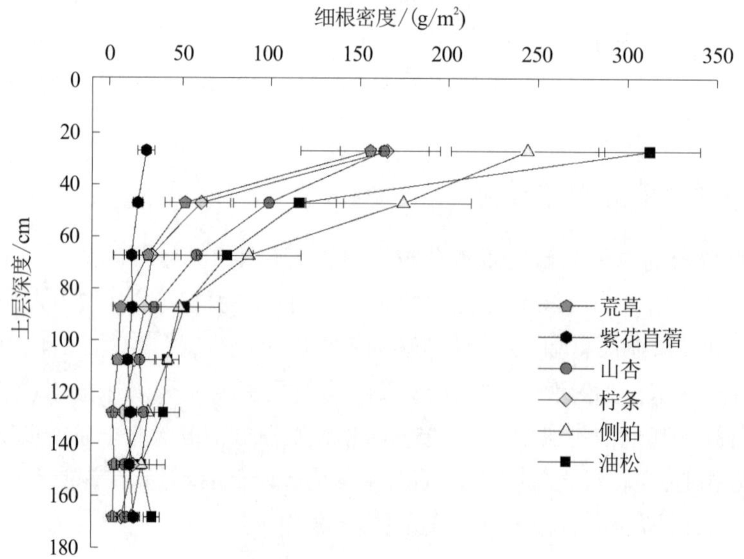

图 2-5　不同植物群落的细根密度随土层深度的变化

20~120 cm 土层中,乔木细根密度显著高于灌木和草本植物,且在 3 种乔木植物群落中,油松和侧柏细根密度高于山杏。在 120~160 cm 土层中,6 种植物群落细根密度均很低且无显著差异(见表 2-5,$P<0.05$)。

表 2-5　不同植物群落细根参数垂直分布特征

植被类型	群落	土层深度/cm	细根密度 FRB/(g/m²)	细根长度密度 FRL/(cm/cm²)	细根表面积密度 FRSA/(cm²/cm²)	细根体积密度 FRV/(cm³/m²)
		0~20	$319.08^{a}\pm30.64$	$28.44^{a}\pm3.61$	$3.48^{a}\pm0.67$	$599.60^{a}\pm61.97$
		20~40	$112.06^{a}\pm9.67$	$6.98^{a}\pm0.94$	$1.00^{a}\pm0.17$	$200.54^{a}\pm30.46$
		40~60	$69.02^{a}\pm6.83$	$4.24^{a}\pm0.86$	$0.69^{a}\pm0.09$	$144.47^{a}\pm28.34$
	油松 PT	60~80	$44.04^{a}\pm4.38$	$2.63^{a}\pm0.35$	$0.42^{a}\pm0.08$	$91.84^{a}\pm8.71$
		80~100	$33.90^{a}\pm3.99$	$1.52^{a}\pm0.33$	$0.23^{a}\pm0.04$	$46.16^{a}\pm6.37$
		100~120	$31.43^{a}\pm3.64$	$1.51^{ab}\pm0.28$	$0.25^{a}\pm0.06$	$53.70^{a}\pm6.44$
		120~140	$17.94^{a}\pm2.18$	$1.23^{a}\pm0.16$	$0.18^{a}\pm0.01$	$37.74^{a}\pm4.13$
		140~160	$24.60^{a}\pm4.31$	$1.14^{ab}\pm0.15$	$0.19^{ab}\pm0.02$	$40.44^{a}\pm4.55$
		0~20	$247.32^{a}\pm22.26$	$39.87^{a}\pm3.59$	$4.30^{a}\pm0.39$	$614.98^{a}\pm55.35$
乔木		20~40	$173.97^{a}\pm19.14$	$19.32^{a}\pm2.13$	$2.21^{a}\pm0.24$	$344.66^{a}\pm37.91$
		40~60	$82.10^{a}\pm7.39$	$8.19^{a}\pm0.74$	$0.99^{a}\pm0.09$	$161.16^{a}\pm14.50$
	侧柏 PO	60~80	$41.14^{ab}\pm4.53$	$4.82^{ab}\pm0.53$	$0.59^{ab}\pm0.06$	$102.08^{ab}\pm11.23$
		80~100	$34.40^{a}\pm3.11$	$3.51^{ab}\pm0.32$	$0.42^{a}\pm0.04$	$69.44^{a}\pm6.25$
		100~120	$22.07^{ab}\pm2.43$	$3.13^{ab}\pm0.34$	$0.38^{a}\pm0.04$	$68.17^{a}\pm7.50$
		120~140	$18.17^{a}\pm1.64$	$3.03^{ab}\pm0.27$	$0.37^{a}\pm0.03$	$64.54^{a}\pm5.81$
		140~160	$12.48^{a}\pm1.37$	$1.97^{bc}\pm0.22$	$0.24^{ab}\pm0.03$	$40.63^{a}\pm4.47$
		0~20	$162.48^{a}\pm14.62$	$19.11^{b}\pm1.72$	$1.93^{a}\pm0.17$	$319.63^{a}\pm28.77$
	山杏 AS	20~40	$94.15^{bc}\pm10.36$	$5.6^{b}\pm0.62$	$0.69^{bc}\pm0.08$	$132.2^{bc}\pm14.54$
		40~60	$51.07^{abc}\pm4.6$	$2.37^{a}\pm0.21$	$0.29^{a}\pm0.03$	$56.65^{a}\pm5.10$
		60~80	$25.59^{ab}\pm2.81$	$1.95^{c}\pm0.21$	$0.23^{b}\pm0.03$	$43.01^{b}\pm4.73$
		80~100	$16.91^{ab}\pm1.52$	$1.27^{b}\pm0.11$	$0.18^{a}\pm0.02$	$38.58^{a}\pm3.47$
乔木	山杏 AS	100~120	$19.40^{ab}\pm2.13$	$1.59^{ab}\pm0.17$	$0.21^{ab}\pm0.02$	$43.71^{a}\pm4.81$
		120~140	$8.27^{a}\pm0.74$	$1.15^{c}\pm0.10$	$0.12^{bc}\pm0.01$	$18.45^{ab}\pm1.66$
		140~160	$8.68^{a}\pm0.95$	$1.17^{bc}\pm0.13$	$0.12^{b}\pm0.01$	$20.71^{a}\pm2.28$
		0~20	$164.33^{a}\pm14.79$	$23.27^{b}\pm2.09$	$2.45^{a}\pm0.22$	$416.77^{a}\pm37.51$
灌木	柠条 CK	20~40	$53.78^{bcd}\pm5.92$	$12.48^{ab}\pm1.37$	$1.32^{abc}\pm0.15$	$219.95^{ab}\pm24.19$
		40~60	$24.14^{bc}\pm2.17$	$9.08^{a}\pm0.82$	$0.98^{a}\pm0.09$	$172.96^{a}\pm15.57$
		60~80	$19.73^{ab}\pm2.17$	$7.53^{a}\pm0.83$	$0.83^{a}\pm0.09$	$147.91^{a}\pm16.27$

续表 2-5

植被类型	群落	土层深度/cm	细根密度 FRB/(g/m²)	细根长度密度 FRL/(cm/cm²)	细根表面积密度 FRSA/(cm²/cm²)	细根体积密度 FRV/(cm³/m²)
灌木	柠条 CK	80~100	13.85[ab]±1.25	3.68[ab]±0.33	0.43[a]±0.04	77.97[a]±7.02
		100~120	7.29[ab]±0.80	2.18[ab]±0.24	0.23[ab]±0.03	34.97[a]±3.85
		120~140	13.20[a]±1.19	1.87[bc]±0.17	0.22[abc]±0.02	41.92[ab]±3.77
		140~160	6.31[a]±0.69	2.25[b]±0.25	0.25[ab]±0.03	42.53[a]±4.68
草本	紫花苜蓿 MS	0~20	20.55[b]±1.85	4.42[c]±0.4	0.49[b]±0.04	83.68[b]±7.53
		20~40	15.60[d]±1.72	4.96[b]±0.55	0.48[c]±0.05	76.91[c]±8.46
		40~60	11.94[c]±1.07	5.43[a]±0.49	0.45[a]±0.04	61.09[a]±5.50
		60~80	12.44[c]±1.37	4.17[c]±0.46	0.36[b]±0.04	50.21[b]±5.52
		80~100	9.91[b]±0.89	4.99[a]±0.45	0.43[a]±0.04	58.52[a]±5.27
		100~120	11.74[ab]±1.29	3.84[a]±0.42	0.34[ab]±0.04	48.83[a]±5.37
		120~140	11.24[a]±1.01	3.40[a]±0.31	0.33[ab]±0.03	51.19[b]±4.61
		140~160	13.65[a]±1.50	3.55[a]±0.39	0.35[a]±0.04	56.66[a]±6.23
	荒草 GR	0~20	154.29[a]±13.89	25.60[b]±2.30	3.85[a]±0.35	572.77[a]±51.55
		20~40	44.32[cd]±4.88	12.72[ab]±1.40	1.55[ab]±0.17	282.5[ab]±31.08
		40~60	21.72[bc]±1.95	8.56[a]±0.77	1.13[a]±0.10	214.15[a]±19.27
		60~80	5.79[c]±0.64	1.54[c]±0.17	0.21[b]±0.02	47.17[b]±5.19
		80~100	4.33[b]±0.39	1.55[b]±0.14	0.18[a]±0.02	35.46[a]±3.19
		100~120	1.16[b]±0.13	0.97[b]±0.11	0.10[b]±0.01	18.11[a]±1.99
		120~140	2.36[a]±0.21	0.46[c]±0.04	0.06[c]±0.01	10.97[ab]±0.99
		140~160	1.37[a]±0.15	0.84[c]±0.09	0.08[b]±0.01	13.60[a]±1.53

注:不同小写字母表示不同植物群落同一土层间差异显著($P<0.05$)且使用 Tukey's HSD 检验进行多重比较。

研究发现,温带落叶阔叶林 80%以上的根系分布在表层土壤(0~20 cm),油松和落叶松林的大部分细根也分布在 0~40 cm 土层;在黄土高原子午岭林区,油松细根生物量随土层深度增加呈单峰变化,白桦(*Betula platyphylla*)的细根生物量随土层深度增加而减少。

三、细根形态学密度分布差异

不同植物群落细根参数差异如表 2-5 所示。在 0~160 cm 土壤剖面中,侧柏细根形态学密度(细根长度密度、细根表面积密度和细根体积密度)显著高于其他 5 种植物群落,乔木细根形态学密度高于灌木和草本($P<0.05$)。

四、坡向对根系分布的影响

通过对比柠条和山杏两种植物群落在阴坡和阳坡的根系分布差异，分析坡向对植物根系生长的影响，其在不同坡向根系分布差异如图 2-6、图 2-7 和表 2-6 所示。柠条和山杏不同坡向总根系密度随土层深度增加的变化趋势相似，且在浅层土壤（0~100 cm）无显著差异，而在深层土壤差异显著（$P<0.05$），柠条和山杏阴坡总根系密度分别在 100~400 m 土层和 200~400 m 土层显著高于阳坡（见图 2-6，$P<0.05$）。随土层深度增加，阳坡和阴

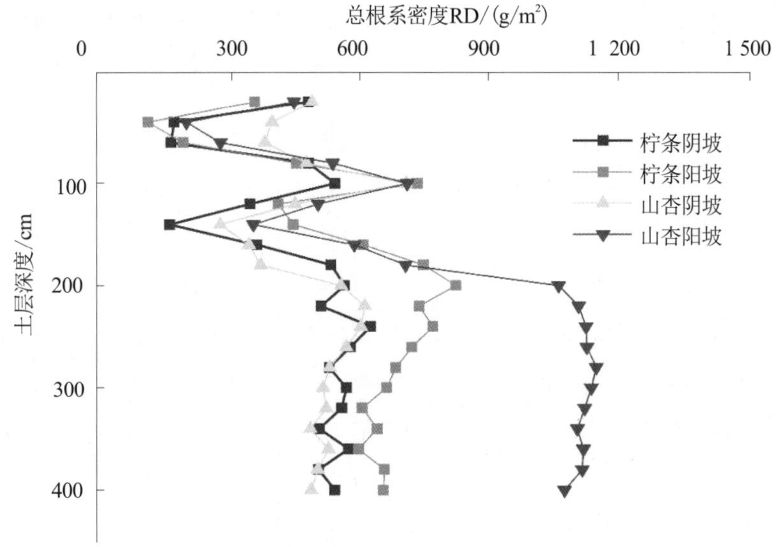

图 2-6　植物群落在不同坡向下的总根系密度垂直分布

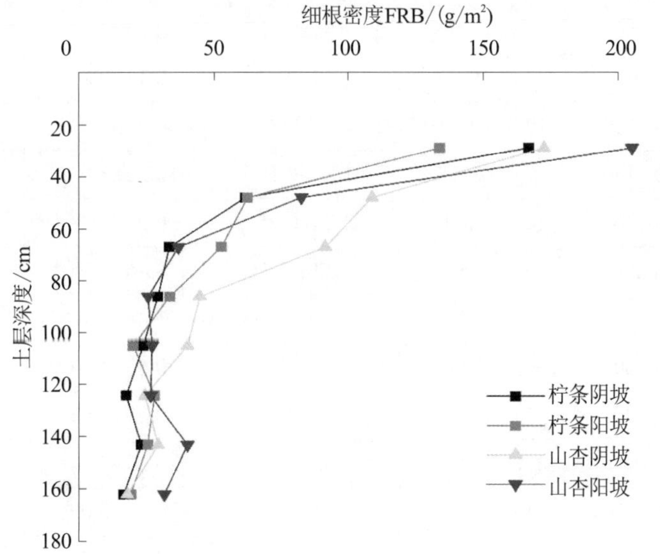

图 2-7　植物群落在不同坡向下的细根密度垂直分布

坡细根密度均逐渐减小(见图2-7),而且柠条阴坡表层土壤(0~20 cm)细根密度显著高于阳坡,山杏阴坡细根密度在40~60 cm和80~100 cm土层显著高于阳坡(见表2-6,$P<0.05$)。此外,柠条阴坡细根形态学密度(细根表面积密度和细根体积密度)在80~120 cm土层显著高于阳坡,而山杏阳坡和阴坡细根形态学密度(细根长度密度、细根表面积密度和细根体积密度)间无显著差异(见表2-6,$P<0.05$)。总体而言,阳坡植物群落总根系密度更高,且集中于较深层土壤,而阴坡植物群落细根参数更高,细根相对更发达。

表2-6 植物群落不同坡向细根参数垂直分布特征

植被类型	坡向	土层深度/cm	细根密度 FRB/(g/m²)	细根长度密度 FRL/(cm/cm²)	细根表面积密度 FRSA/(cm²/cm²)	细根体积密度 FRV/(cm³/m²)
柠条	阴坡	0~20	164.34* ±14.79	25.32±2.28	2.54±0.23	0.41±0.04
		20~40	53.79±5.92	11.02±1.21	1.20±0.13	0.19±0.02
		40~60	24.15±2.17	6.53±0.59	0.75±0.07	0.12±0.01
		60~80	19.74±2.17	6.20±0.68	0.71±0.08	0.11±0.01
		80~100	13.86±1.25	4.25±0.38	0.47* ±0.04	0.07* ±0.01
		100~120	7.30±0.81	3.35±0.37	0.41* ±0.05	0.06* ±0.01
		120~140	13.20±1.19	2.18±0.2	0.25* ±0.02	0.04±0
		140~160	6.31±0.69	1.50±0.17	0.16±0.02	0.02±0
	阳坡	0~20	129.84±11.69	28.19±2.54	2.85±0.26	0.46±0.04
		20~40	54.71±6.02	12.48±1.37	1.32±0.15	0.21±0.02
		40~60	44.40±4.07	9.08±0.82	0.98±0.09	0.16±0.01
		60~80	24.27±2.67	7.53±0.83	0.83±0.09	0.13±0.01
		80~100	10.05±0.90	3.68±0.33	0.43±0.04	0.07±0.01
		100~120	18.31±2.01	2.18±0.24	0.23±0.03	0.03±0
		120~140	15.62±1.41	1.87±0.17	0.22±0.02	0.03±0
		140~160	9.05±1.00	2.25±0.25	0.25±0.03	0.04±0
山杏	阴坡	0~20	170.31±15.33	41.56±3.74	3.76±0.34	0.61±0.05
		20~40	103.55±11.39	17.94±1.97	1.48±0.16	0.24±0.03
		40~60	85.27* ±7.67	5.49±0.49	0.60±0.05	0.09±0.01
		60~80	36.01±3.96	2.36±0.26	0.25±0.03	0.04±0
		80~100	31.17* ±2.81	1.60±0.14	0.20±0.02	0.03±0
		100~120	14.64±1.61	1.64±0.18	0.21±0.02	0.03±0
		120~140	19.79±1.78	3.02±0.27	0.37±0.03	0.05±0.01
		140~160	7.77±0.85	2.94±0.32	0.36±0.04	0.05±0.01

续表 2-6

植被类型	坡向	土层深度/cm	细根密度 FRB/(g/m²)	细根长度密度 FRL/(cm/cm²)	细根表面积密度 FRSA/(cm²/cm²)	细根体积密度 FRV/(cm³/m²)
山杏	阳坡	0~20	205.13±18.46	33.25±2.99	2.93±0.26	0.47±0.04
		20~40	75.80±8.34	10.64±1.17	1.13±0.12	0.17±0.02
		40~60	27.67±2.49	4.35±0.39	0.62±0.06	0.09±0.01
		60~80	15.84±1.74	2.01±0.22	0.30±0.03	0.04±0
		80~100	17.39±1.57	2.04* ±0.18	0.30* ±0.03	0.04* ±0
		100~120	16.82±1.85	1.57±0.17	0.18±0.02	0.02±0
		120~140	31.18±2.81	1.47±0.13	0.18±0.02	0.03±0
		140~160	22.19±2.44	1.32±0.15	0.14±0.02	0.02±0

注： * 表示该植物群落不同坡向同一土层间差异显著($P<0.05$)。

五、小流域气候差异对根系分布的影响

通过对比侧柏和山杏两种植物群落在不同气候条件下的小流域(安家坡流域和龙滩流域)中根系分布差异，分析流域气候差异对植物根系生长的影响，其在不同小流域的根系分布差异如图 2-8、图 2-9 和表 2-7 所示。

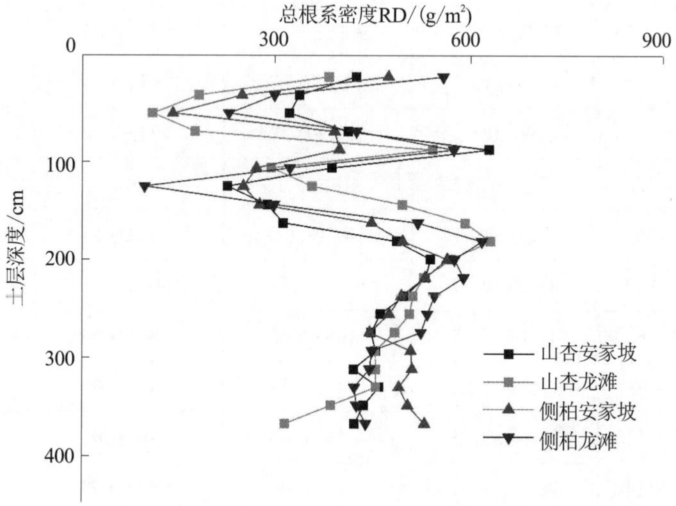

图 2-8　植物群落在不同流域的总根系密度垂直分布

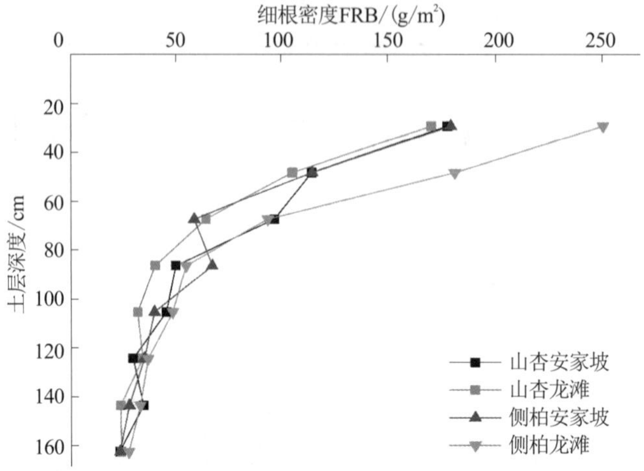

图 2-9　植物群落在不同流域的细根密度垂直分布

表 2-7　植物群落在不同小流域的细根参数垂直分布特征

植被类型	流域	土层深度/cm	细根密度 FRB/(g/m^2)	细根长度密度 FRL/(cm/cm^2)	细根表面积密度 FRSA/(cm^2/cm^2)	细根体积密度 FRV/(cm^3/m^2)
侧柏	安家坡	0~20	172.02±15.48	39.87±3.59	4.30±0.39	0.57 * ±0.05
		20~40	103.76±11.41	19.32±2.13	2.21±0.24	0.30±0.03
		40~60	45.19±4.07	8.19±0.74	0.99±0.09	0.13±0.01
		60~80	54.29±5.97	4.82±0.53	0.59±0.06	0.08±0.01
		80~100	25.21±2.27	3.51±0.32	0.42±0.04	0.06±0.01
		100~120	20.20±2.22	3.13±0.34	0.38±0.04	0.06±0.01
		120~140	12.66±1.14	3.03±0.27	0.37±0.03	0.05±0
		140~160	7.96±0.88	1.97±0.22	0.24±0.03	0.03±0
	龙滩	0~20	247.32±22.26	34.96±3.15	3.43±0.31	0.52±0.05
		20~40	173.97±19.14	14.58±1.6	1.54±0.17	0.21±0.02
		40~60	82.10±7.39	6.00±0.54	0.64±0.06	0.09±0.01
		60~80	41.14±4.53	5.98±0.66	0.66±0.07	0.10±0.01
		80~100	34.40 * ±3.1	3.81±0.34	0.43±0.04	0.06±0.01
		100~120	22.07±2.43	4.39±0.48	0.46±0.05	0.07±0.01
		120~140	18.17±1.64	3.31±0.30	0.33±0.03	0.05±0
		140~160	12.48±1.37	2.84±0.31	0.28±0.03	0.04±0

续表 2-7

植被类型	流域	土层深度/cm	细根密度 FRB/(g/m²)	细根长度密度 FRL/(cm/cm²)	细根表面积密度 FRSA/(cm²/cm²)	细根体积密度 FRV/(cm³/m²)
山杏	安家坡	0~20	162.48±14.62	22.62±2.04	2.26±0.20	0.36±0.03
		20~40	94.15±10.36	9.18±1.01	1.03±0.11	0.16±0.02
		40~60	51.07±4.60	2.61±0.23	0.34±0.03	0.05±0
		60~80	25.59±2.81	2.03±0.22	0.24±0.03	0.04±0
		80~100	16.91±1.52	1.47±0.13	0.19±0.02	0.03±0
		100~120	19.4±2.13	1.60±0.18	0.21±0.02	0.03±0
		120~140	8.27±0.74	1.14±0.10	0.13±0.01	0.02±0
		140~160	8.68±0.95	8.27±0.91	0.82*±0.09	0.14*±0.02
	龙滩	0~20	170.31±15.33	41.56±3.74	3.76±0.34	0.61±0.05
		20~40	103.54±11.39	17.94±1.97	1.48±0.16	0.24±0.03
		40~60	85.26±7.67	5.49±0.49	0.60±0.05	0.09±0.01
		60~80	36.01±3.96	2.36±0.26	0.25±0.03	0.04±0
		80~100	31.17±2.81	1.60±0.14	0.20±0.02	0.03*±0
		100~120	14.63±1.61	1.64±0.18	0.21±0.02	0.03±0
		120~140	19.79±1.78	3.02±0.27	0.37±0.03	0.05±0
		140~160	7.76±0.85	2.94±0.32	0.36±0.04	0.05±0.01

注：* 表示该植物群落在不同流域同一土层间差异显著($P<0.05$)。

随土层深度增加，侧柏和山杏在不同小流域的总根系密度变化趋势相似，且细根密度和细根形态学密度均显著减小，但两流域间的细根参数并无明显差异(见图 2-8、图 2-9 和表 2-7，$P<0.05$)。相比于龙滩流域，安家坡流域山杏总根系密度在浅层土壤(0~120 cm)较高，而在深层土壤却较低(见图 2-8)，可能因为安家坡流域相对降水较多(安家坡流域：427 mm；龙滩流域：386.3 mm)，因此安家坡流域山杏更易吸收浅层土壤水分，在浅层土壤根系密度较高，而龙滩流域降水相对匮乏，山杏将更多根系分布于深层土壤吸收土壤水分。此外，因为落叶植物和常绿植物不同的水分利用策略，侧柏在两流域中根系分布无明显差异。

第三节　小　结

本章重点分析了不同整地措施下各植物群落的根系分布特征，得出如下结论：

(1)整地措施和植物群落对根系分布的影响显著，但各植物群落总根系密度随土层加深的变化趋势相似。在油松林三种典型整地措施中，水平阶总根系密度(18.14 kg/m²)

显著高于鱼鳞坑(13.95 kg/m^2)和反坡台(9.84 kg/m^2),且其细根参数(细根密度、细根长度密度、细根表面积密度和细根体积密度)也最高。乔木(油松、侧柏和山杏)总根系密度显著高于灌木(柠条),其中油松总根系密度最高($P<0.05$)。

(2)随着土层深度增加,不同植物群落细根参数均显著降低,乔木细根形态学密度(细根长度密度、细根表面积密度和细根体积密度)高于灌草($P<0.05$),且侧柏细根形态学密度显著高于其他5种植物群落。

(3)受不同地形因素对资源的再分配作用影响,上坡位和中坡位细根参数高于下坡位,且阳坡总根系密度更高,阴坡细根更发达。此外,因植物功能型差异,降水量变化对不同植物群落根系分布的影响也不同。

第三章　整地和植物根系对土壤属性及其抗侵蚀力的影响

植物根系在生态系统中起着至关重要的作用，对地上、地下环境质量提升均有促进作用，包括通过根系通道提高水分入渗和土壤透气性，通过根系分泌物和根系蜕皮进行土壤质量改良及减少土壤流失等。植物粗根参与生态系统碳储存及碳循环，并影响生态系统生产力，而细根则与土壤微生物活动和水分养分循环联系更为紧密。细根有助于加强土壤结构，细根密度的提高有利于减少坡面细沟侵蚀，而且在减弱土壤侵蚀方面，细根密度更高的须根根系比直根根系更有效。

尽管有很多研究关注地下根系，但有关不同整地措施下和不同植物群落中植物根系与土壤性质及其土体稳定性关系的研究却很少。因此，本章主要探讨黄土高原地区典型植物群落和整地措施下植物根系对土壤属性及其抗侵蚀力的影响机制。

第一节　不同整地措施中植物根系对土壤性质的影响

一、不同整地措施下的土壤质地差异

如表 3-1 所示，随着土层深度增加，各整地措施下土壤机械组成均表现为砂粒含量逐渐降低、粉粒含量逐渐增大，而黏粒含量和土壤粒径分布分形维数则基本不变的趋势。但在同一土层深度下，各整地措施间土壤粒径分布无显著差异（$P>0.05$）。此外，反坡台和鱼鳞坑分形维数在 0~200 cm 土层中无显著差异，而水平阶分形维数分别在 40~60 cm 和 160~180 cm 土层显著低于其他两种整地措施（$P<0.05$），说明水平阶土壤机械组成在三种整地措施中最为稳定。

表 3-1　不同整地措施下土壤粒径分布及其分形维数的各土层对比

整地措施	土层深度/cm	砂粒含量/%	粉粒含量/%	分形维数 *D*
反坡台	0~20	30.06±2.40	65.51±2.24	2.74[a]±0.21
	20~40	27.83±2.50	67.47±3.07	2.76[a]±0.25
	40~60	25.21±2.02	69.75±2.58	2.78[a]±0.19
	60~80	24.27±2.18	71.01±3.39	2.78[a]±0.25
	80~100	25.06±2.00	70.50±3.64	2.76[a]±0.14
	100~120	23.21±2.09	72.24±2.50	2.78[a]±0.25
	120~140	23.66±1.89	71.98±2.76	2.77[a]±0.17
	140~160	22.79±2.05	72.55±3.53	2.78[a]±0.18
	160~180	23.01±1.84	72.24±3.78	2.79[a]±0.20
	180~200	23.23±2.09	72.32±2.51	2.77[a]±0.14

续表 3-1

整地措施	土层深度/cm	砂粒含量/%	粉粒含量/%	分形维数 D
水平阶	0~20	31.09±2.49	64.60±2.17	2.73[a]±0.22
	20~40	26.41±2.38	68.84±2.20	2.76[a]±0.25
	40~60	25.54±2.04	70.05±3.60	2.76[b]±0.24
	60~80	25.04±2.25	70.73±3.37	2.76[a]±0.25
	80~100	24.43±1.95	71.31±3.70	2.76[a]±0.20
	100~120	23.55±2.12	71.97±2.48	2.77[a]±0.24
	120~140	23.81±1.90	71.84±2.75	2.77[a]±0.22
	140~160	23.70±2.13	71.94±3.47	2.77[a]±0.21
	160~180	24.68±1.97	71.09±3.69	2.76[b]±0.22
	180~200	23.76±2.14	71.75±3.46	2.77[a]±0.19
鱼鳞坑	0~20	32.09±2.57	63.40±2.07	2.73[a]±0.22
	20~40	24.54±2.21	70.82±2.37	2.77[a]±0.25
	40~60	24.59±1.97	71.02±2.68	2.76[ab]±0.22
	60~80	24.81±2.23	70.99±3.39	2.76[a]±0.25
	80~100	24.70±1.98	71.11±2.69	2.76[a]±0.19
	100~120	23.54±2.12	72.01±3.48	2.77[a]±0.23
	120~140	23.74±1.90	71.84±2.75	2.77[a]±0.20
	140~160	23.58±2.12	71.97±3.48	2.77[a]±0.17
	160~180	23.44±1.88	72.09±3.77	2.77[ab]±0.22
	180~200	23.72±2.13	71.80±3.46	2.77[a]±0.18

注：不同小写字母表示不同整地措施同一土层深度间差异显著（$P<0.05$）且均使用 Tukey' s HSD 检验进行多重比较。

二、不同整地措施下的土壤养分和水分差异

植物根系（尤其是细根）对于土壤的探查会直接影响土壤结构以及植物的养分吸收，同时，其细根分布也会直接影响植物碳分泌。研究表明，在不同整地措施中，植物根系对于调控土壤有机碳、全氮和土壤质地均起着根本作用。

不同于土壤机械组成，土壤养分和水分含量在三种不同整地措施间差异显著（见表 3-2，$P<0.05$）。与其他研究者结果相似，在三种整地措施中，土壤全氮、全磷、有机碳和碳氮比随土层变化显著（见表 3-2，$P<0.05$）。在 0~200 cm 土壤剖面，随着土层加深，土壤总氮、土壤有机碳、土壤碳氮比和土壤水分含量均显著降低，而土壤总磷在不同土层深度中则无显著差异（$P<0.05$）。具体来说，在三种典型整地措施中，除土壤总氮外，水平阶土壤养分（土壤全总磷、土壤有机碳和土壤碳氮比）和水分在 0~200 cm 土层均为最高，而鱼鳞坑土壤养分和水分均为最低，表明水平阶水分、养分条件显著高于其他两种整地措施。水平阶总氮含量较低，可能是该种整地措施下根系对于土壤氮的吸收作用及其快速周转和分解固定作用较强导致的，而鱼鳞坑较低的养分水平则可能归因于其细根参数最少所导致的严重土壤侵蚀和养分流失现象（见表 3-1、表 3-2）。

表 3-2 不同整地措施下土壤养分和水分的垂直分布差异

整地措施	土层深度/cm	总氮 TN/(g/kg)	总磷 TP/(g/kg)	土壤有机碳 SOC/(g/kg)	碳氮比 C/N	土壤水分/%
反坡台	0~20	$1.38^{a}\pm0.12$	$0.57^{a}\pm0.05$	$13.90^{ab}\pm1.25$	$10.01^{a}\pm0.9$	$9.15^{a}\pm0.82$
	20~40	$1.47^{a}\pm0.15$	$0.58^{a}\pm0.05$	$14.93^{a}\pm1.19$	$10.15^{a}\pm0.81$	$8.72^{a}\pm0.70$
	40~60	$1.22^{a}\pm0.11$	$0.54^{a}\pm0.05$	$10.74^{a}\pm0.97$	$8.75^{a}\pm0.79$	$7.29^{b}\pm0.66$
	60~80	$0.77^{a}\pm0.06$	$0.52^{a}\pm0.04$	$5.90^{ab}\pm0.47$	$7.53^{ab}\pm0.6$	$6.34^{b}\pm0.51$
	80~100	$0.67^{a}\pm0.06$	$0.51^{b}\pm0.05$	$4.98^{a}\pm0.45$	$7.28^{a}\pm0.66$	$6.54^{a}\pm0.59$
	100~120	$0.55^{a}\pm0.04$	$0.52^{c}\pm0.04$	$3.54^{a}\pm0.28$	$6.42^{a}\pm0.51$	$6.22^{a}\pm0.50$
	120~140	$0.50^{a}\pm0.05$	$0.53^{b}\pm0.05$	$3.16^{a}\pm0.28$	$6.31^{ab}\pm0.57$	$6.25^{a}\pm0.56$
	140~160	$0.51^{a}\pm0.04$	$0.55^{a}\pm0.04$	$3.25^{a}\pm0.26$	$6.17^{a}\pm0.49$	$5.96^{a}\pm0.48$
	160~180	$0.48^{a}\pm0.04$	$0.56^{a}\pm0.05$	$2.97^{a}\pm0.27$	$6.18^{a}\pm0.56$	$6.13^{a}\pm0.55$
	180~200	$0.48^{a}\pm0.04$	$0.57^{a}\pm0.05$	$3.44^{a}\pm0.28$	$7.13^{a}\pm0.57$	$5.65^{a}\pm0.45$
水平阶	0~20	$1.33^{a}\pm0.16$	$0.58^{a}\pm0.05$	$14.55^{a}\pm1.31$	$10.83^{a}\pm0.97$	$9.38^{a}\pm0.84$
	20~40	$1.30^{b}\pm0.10$	$0.54^{ab}\pm0.04$	$13.87^{a}\pm1.11$	$10.73^{a}\pm0.86$	$9.18^{a}\pm0.73$
	40~60	$1.01^{b}\pm0.09$	$0.56^{a}\pm0.05$	$9.42^{a}\pm0.85$	$9.34^{a}\pm0.84$	$8.86^{a}\pm0.80$
	60~80	$0.73^{a}\pm0.06$	$0.55^{a}\pm0.04$	$6.33^{a}\pm0.51$	$8.70^{a}\pm0.71$	$7.50^{a}\pm0.60$
	80~100	$0.55^{b}\pm0.05$	$0.55^{a}\pm0.05$	$3.72^{ab}\pm0.33$	$6.59^{a}\pm0.59$	$5.98^{a}\pm0.54$
	100~120	$0.54^{a}\pm0.04$	$0.55^{a}\pm0.04$	$3.70^{a}\pm0.30$	$6.79^{a}\pm0.54$	$5.93^{a}\pm0.47$
	120~140	$0.49^{a}\pm0.04$	$0.56^{a}\pm0.05$	$3.21^{a}\pm0.29$	$6.61^{a}\pm0.59$	$6.06^{a}\pm0.55$
	140~160	$0.45^{b}\pm0.04$	$0.56^{a}\pm0.04$	$2.59^{ab}\pm0.21$	$5.80^{ab}\pm0.46$	$6.05^{a}\pm0.48$
	160~180	$0.45^{a}\pm0.04$	$0.56^{a}\pm0.05$	$2.82^{a}\pm0.25$	$6.24^{a}\pm0.56$	$5.96^{a}\pm0.54$
	180~200	$0.46^{ab}\pm0.04$	$0.57^{a}\pm0.05$	$2.85^{b}\pm0.23$	$6.21^{a}\pm0.5$	$5.93^{a}\pm0.47$
鱼鳞坑	0~20	$1.22^{a}\pm0.11$	$0.54^{b}\pm0.05$	$11.98^{b}\pm1.08$	$9.91^{a}\pm0.89$	$9.85^{a}\pm0.89$
	20~40	$0.84^{c}\pm0.07$	$0.52^{b}\pm0.04$	$6.56^{b}\pm0.52$	$7.74^{b}\pm0.62$	$7.84^{a}\pm0.63$
	40~60	$0.63^{c}\pm0.06$	$0.52^{a}\pm0.05$	$4.31^{b}\pm0.39$	$6.78^{b}\pm0.61$	$7.04^{b}\pm0.63$
	60~80	$0.57^{a}\pm0.05$	$0.53^{a}\pm0.04$	$3.61^{b}\pm0.29$	$6.11^{a}\pm0.49$	$6.63^{ab}\pm0.53$
	80~100	$0.52^{b}\pm0.05$	$0.54^{a}\pm0.05$	$3.05^{b}\pm0.27$	$5.91^{a}\pm0.53$	$6.47^{a}\pm0.58$
	100~120	$0.49^{a}\pm0.04$	$0.53^{b}\pm0.04$	$2.62^{b}\pm0.21$	$5.35^{a}\pm0.43$	$6.37^{a}\pm0.51$
	120~140	$0.46^{a}\pm0.04$	$0.54^{b}\pm0.05$	$2.47^{a}\pm0.22$	$5.30^{a}\pm0.48$	$6.34^{a}\pm0.57$
	140~160	$0.47^{ab}\pm0.04$	$0.55^{a}\pm0.04$	$2.37^{b}\pm0.19$	$4.97^{a}\pm0.40$	$5.96^{a}\pm0.48$
	160~180	$0.45^{a}\pm0.04$	$0.55^{a}\pm0.05$	$2.16^{b}\pm0.19$	$4.85^{b}\pm0.44$	$5.96^{a}\pm0.54$
	180~200	$0.44^{b}\pm0.04$	$0.55^{b}\pm0.04$	$2.18^{b}\pm0.17$	$5.02^{b}\pm0.40$	$5.77^{a}\pm0.46$

注：不同小写字母表示不同整地措施同一土壤深度间差异显著（$P<0.05$）且均使用 Tukey's HSD 检验进行多重比较。

三种整地措施土壤水分在 40~80 cm 土层有显著差异（见表 3-2，$P<0.05$），而在更深层土壤（80~200 cm）中差异不显著（见表 3-2，$P<0.05$）。因为在干旱区生态系统中，植物根系会通过增强土壤水分的自然入渗过程，提高深层水分含量，从而实现土壤水分的再分配。将土壤水分转移至更深层土壤，既可避免浅层竞争者对水分的消耗，也可以降低水分的蒸散损失，而且深层土壤水分还可以使植物在高水分利用率周期时最大化其资源获取能力，并为度过旱季提供水分支持。

此外，三种整地措施在不同坡位上的土壤总氮也有明显差异（见附表 1~附表 3，$P<0.05$）。反坡台上坡位土壤总氮在 0~40 cm 土层显著高于其他坡位，同时水平阶 40~60 cm、120~140 cm 土层和鱼鳞坑表层土（0~20 cm）下坡位的总氮值却在三种坡位中最高。鱼鳞坑上坡位在 20~80 cm 土层的土壤总磷也高于其他坡位，而土壤有机碳、碳氮比和土壤水分含量在坡面上分布未发现有明显差异（见附表 1~附表 3，$P<0.05$）。

三、不同整地措施下的土壤抗侵蚀力差异

如表 3-3 所示，三种典型整地措施间抗侵蚀力强弱也存在显著差异（$P<0.05$），且在三种整地措施中，随着土层加深，土壤可蚀性均逐渐增加而土壤抗冲性逐渐降低，土壤相对剥离速率无明显差异。具体来说，在 20~60 cm 土层中，反坡台和水平阶土壤可蚀性值显著低于鱼鳞坑，且在 0~200 cm 土层中，相比于其他两种整地措施，水平阶土壤抗冲性最高且土壤相对剥离速率最低（$P<0.05$），表明水平阶土壤抗冲抗蚀性较高，在三种整地措施中减弱侵蚀风险的能力最佳。此外，三种整地措施上坡位表层土壤（0~20 cm）以及水平阶上坡位 60~120 cm 土层的土壤抗冲性也显著高于其他坡位，而三种整地措施不同坡位土壤可蚀性间未观测到明显差异（见附表 1~附表 3，$P<0.05$）。

表 3-3　不同整地措施下抗侵蚀力的各土层对比

整地措施	土层深度/cm	土壤可蚀性 K	土壤抗冲性 AS/(L/g)	土壤相对剥离速率 RSD
反坡台	0~20	$0.17^{a}\pm0.01$	$1.33^{c}\pm0.11$	$0.07^{a}\pm0.01$
	20~40	$0.17^{b}\pm0.02$	$0.87^{a}\pm0.08$	$0.27^{a}\pm0.02$
	40~60	$0.19^{b}\pm0.02$	$0.46^{a}\pm0.04$	$0.31^{a}\pm0.02$
	60~80	$0.21^{a}\pm0.03$	$0.43^{a}\pm0.04$	$0.11^{a}\pm0.01$
	80~100	$0.21^{a}\pm0.02$	$0.28^{a}\pm0.02$	$0.25^{a}\pm0.02$
	100~120	$0.21^{a}\pm0.02$	$0.29^{a}\pm0.03$	$0.29^{a}\pm0.03$
	120~140	$0.21^{a}\pm0.03$	$0.23^{a}\pm0.02$	$0.21^{a}\pm0.02$
	140~160	$0.22^{a}\pm0.03$	$0.23^{a}\pm0.02$	$0.08^{a}\pm0.01$

续表 3-3

整地措施	土层深度/cm	土壤可蚀性 *K*	土壤抗冲性 AS/(L/g)	土壤相对剥离速率 RSD
水平阶	0~20	$0.17^{a}\pm0.01$	$2.29^{a}\pm0.18$	$0.01^{b}\pm0$
	20~40	$0.17^{b}\pm0.01$	$0.80^{a}\pm0.07$	$0.07^{a}\pm0.01$
	40~60	$0.20^{b}\pm0.02$	$0.55^{a}\pm0.04$	$0.03^{b}\pm0$
	60~80	$0.21^{a}\pm0.03$	$0.36^{a}\pm0.03$	$0.01^{b}\pm0$
	80~100	$0.21^{a}\pm0.03$	$0.26^{a}\pm0.02$	$0.02^{b}\pm0$
	100~120	$0.21^{a}\pm0.02$	$0.28^{a}\pm0.03$	$0.01^{c}\pm0$
	120~140	$0.21^{a}\pm0.03$	$0.21^{a}\pm0.02$	$0.01^{c}\pm0$
	140~160	$0.21^{a}\pm0.02$	$0.22^{ab}\pm0.02$	$0.01^{b}\pm0$
鱼鳞坑	0~20	$0.17^{a}\pm0.01$	$1.65^{b}\pm0.13$	$0.03^{b}\pm0$
	20~40	$0.21^{a}\pm0.02$	$0.55^{b}\pm0.05$	$0.22^{a}\pm0.02$
	40~60	$0.21^{a}\pm0.03$	$0.46^{a}\pm0.04$	$0.34^{a}\pm0.03$
	60~80	$0.21^{a}\pm0.03$	$0.37^{a}\pm0.03$	$0.05^{ab}\pm0$
	80~100	$0.21^{a}\pm0.02$	$0.21^{a}\pm0.02$	$0.17^{ab}\pm0.01$
	100~120	$0.22^{a}\pm0.03$	$0.15^{b}\pm0.01$	$0.06^{b}\pm0.01$
	120~140	$0.21^{a}\pm0.02$	$0.15^{a}\pm0.01$	$0.04^{b}\pm0$
	140~160	$0.22^{a}\pm0.02$	$0.15^{b}\pm0.01$	$0.02^{b}\pm0$

注：不同小写字母表示不同整地措施同一土壤深度间差异显著（$P<0.05$）且均使用 Tukey's HSD 检验进行多重比较。

上述结果表明，整地措施对于土壤稳定性也有显著影响。同时，根系密度以及细根密度均已被证明可预测土壤减蚀效应，由于其根系密度最高，水平阶在三种典型整地措施中减蚀潜力也为最高。

四、植物根系与土壤性质关系

植物根系分布与土壤养分、水分、抗侵蚀力的相关关系如表 3-4 所示。由表 3-4 可知，细根参数（细根密度、细根长度密度、细根表面积密度和细根体积密度）与土壤砂粒含量、土壤养分（总氮、总磷、土壤有机碳和碳氮比）、土壤水分以及土壤抗冲性呈显著正相关，而与土壤可蚀性、粉粒含量以及分形维数呈显著负相关（$P<0.01$）。粗根密度与土壤养分（总氮、土壤有机碳和碳氮比）和土壤相对剥离速率呈负相关关系，而与土壤可蚀性却呈显著正相关关系（$P<0.05$）。

表 3-4　不同整地措施下根系分布与土壤养分、水分、抗侵蚀力的相关关系

因子	CRB	*K*	SILT	*D*	RSD	CLAY	TN	C/N	SOC	SM	TP	FRV	AS	FRB	FRSA	FRL	SAND
CRB	1																
K	0.37*	1															
SILT	0.18	0.88**	1														
D	−0.04	0.59**	0.81**	1													
RSD	−0.39**	−0.01	0.09	0.22	1												
CLAY	−0.34**	−0.22	0.02	0.60**	0.26*	1											
TN	−0.47**	−0.96**	−0.79**	−0.43**	0.12	0.36**	1										
C/N	−0.57**	−0.88**	−0.73**	−0.43**	0.33	0.28*	0.88*	1									
SOC	−0.48**	−0.98**	−0.80**	−0.47**	0.07	0.32**	0.99**	0.93**	1								
SM	−0.15	−0.71**	−0.72**	−0.54**	0.16	0.06	0.70**	0.63**	0.69**	1							
TP	−0.06	−0.41**	−0.26*	−0.16	−0.28*	0.07	0.40**	0.33**	0.41**	0.20	1						
FRV	−0.21	−0.84**	−0.84**	−0.65**	−0.10	−0.03	0.76**	0.76**	0.80**	0.72**	0.33**	1					
AS	−0.21	−0.84**	−0.85**	−0.65**	−0.10	−0.04	0.77**	0.77**	0.81**	0.74**	0.33**	0.99**	1				
FRB	−0.20	−0.82**	−0.83**	−0.64**	−0.11	−0.03	0.76**	0.76**	0.79**	0.73**	0.32**	0.98**	0.97**	1			
FRSA	−0.17	−0.82**	−0.84**	−0.65**	−0.13	0.02	0.73**	0.74**	0.78**	0.72**	0.33**	0.99**	0.99**	0.97**	1		
FRL	−0.14	−0.79**	−0.82**	−0.64**	−0.15	−0.02	0.70**	0.71**	0.74**	0.70**	0.33**	0.97**	0.99**	0.95**	0.99**	1	
SAND	−0.14	−0.85**	−0.99**	−0.87**	−0.11	−0.13	0.75**	0.70**	0.76**	0.71**	0.25*	0.83**	0.84**	0.82**	0.83**	0.81**	1

注：* 和 * * 分别表示显著性为 $P<0.05$ 和 $P<0.01$。各因子缩写含义如下：CRB—粗根密度；*K*—土壤可蚀性；SILT—粉粒含量；*D*—分形维数；RSD—相对剥离速率；CLAY—黏粒含量；TN—总氮；C/N—碳氮比；SOC—土壤有机碳；SM—土壤水分；TP—总磷；FRV—细根体积密度；AS—土壤抗冲性；FRB—细根密度；FRSA—细根表面积密度；FRL—细根长度密度；SAND—砂粒含量。

根据蒙特卡罗检验，RDA 分析结果表示植物根系分布（粗根密度、细根密度、细根长度密度、细根表面积密度和细根体积密度）和土壤质地（砂粒、粉粒、黏粒含量及其分形维数）共同解释了土壤养分（总氮、总磷、土壤有机碳和碳氮比）、土壤水分和土壤抗侵蚀力（土壤可蚀性、抗冲性和相对剥离速率）73.5%的变化。其中，植物根系分布解释了 48.3%的变化（$P<0.01$），土壤质地解释了 19.7%的变化（$P<0.01$），两者的交互作用解释了32.0%的变化（$P<0.01$）（见图 3-1、图 3-2）。

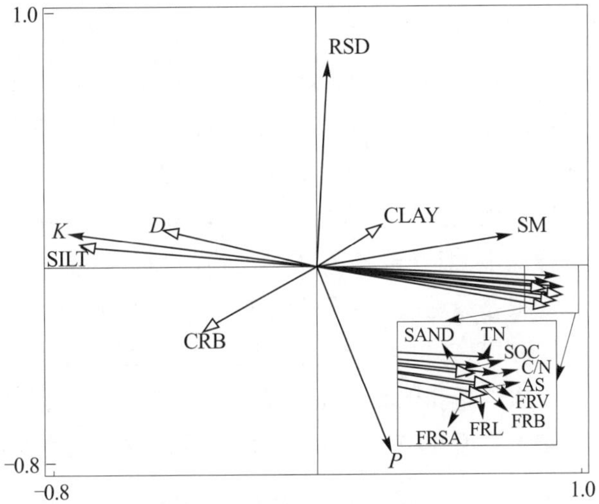

图中因子缩写含义见表 3-4。

图 3-1　土壤性质与根系分布的关系

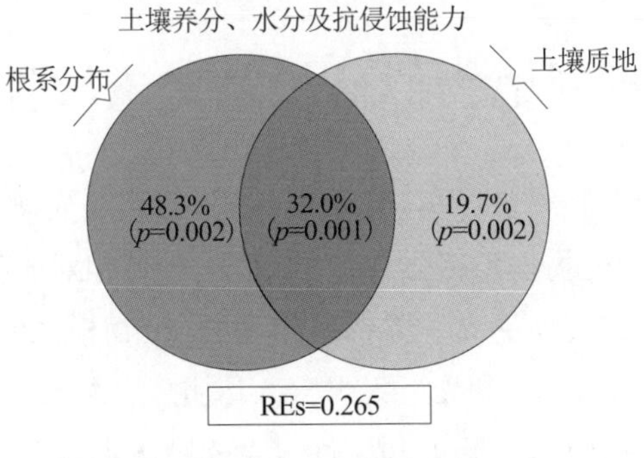

REs 为残差，表示不能解释的部分。

图 3-2　根系分布和土壤质地对土壤养分、水分和抗侵蚀力的解释度

根系功能复杂多样，在完整根系中会分化出各种特殊作用。上述结果表明，在不同的整地措施中，细根显著影响土壤水分及养分分布（见表 3-4），同时，相较于土壤质地，根系分布对于土壤养分、水分和抗侵蚀力的影响更大（见图 3-2）。在 0~200 cm 土壤剖面中，三种整地措施的土壤水分在不同坡位上均无显著差异（见附表 1~附表 3，$P<0.05$）。这种

差异说明整地措施可以通过调整根系分布来影响土壤水分在坡面上的分布格局,从而使得土壤水分分布更均匀并提高植物的水分吸收效率。同时,不同于自然坡面上的土壤养分分布差异,不同整地措施坡面上的细根分布差异也有效降低了土壤养分的空间异质性,使其在不同坡位上更趋均匀。

在黄土高原地区,整地措施对土壤水分有显著影响,而土壤水分则是促进植物成活和成林的关键因素。随着植物生长,根系的生长和腐烂会改变土壤孔隙结构以及土壤水分状态。与之相似,本书结果也证明植物细根可促进土壤水分积累。具体来说,土壤水分与细根密度呈显著正相关(见表 3-4,$P<0.01$),且在 0~160 cm 土层,因水平阶细根密度更高,其土壤水分含量也高于其他两种整地措施(见表 3-2,$P<0.05$)。而且,通过增强土壤抗侵蚀力,植物根系可以促进土壤养分聚集并减弱其流失。另外,油松粗根密度反而与总氮、土壤有机碳和碳氮比呈显著负相关(见表 3-4,$P<0.01$),通常是因为乔木根系中存在一些肿块或根瘤,会造成对土壤养分的消耗,而这种现象在水分短缺的木本植物中尤其常见。因此推论,在油松样地中,细根与水分、养分交换的关系更为紧密,而粗根的作用则更多在于储存方面,所以细根参数更高的水平阶土壤养分和水分含量更高。

植物根系与土壤结构也息息相关。在土壤表层,根系可以通过连接土壤颗粒来增强土壤抗性,也会增强土壤入渗量和土壤表面粗糙度,从而减少表面侵蚀的速率和总量。本书研究结果发现,油松细根密度在稳定坡面和减弱可蚀性方面至关重要,而油松粗根密度反而与土壤可蚀性显著相关(见表 3-4,$P<0.01$),可能导致土壤抗蚀能力显著降低。此外,由于其台面过窄,水平阶与其他整地措施相比并无水土保持或土壤肥力提升作用的物理结构优势,所以更突显油松根系的作用,高密度的油松根系改变了原本的环境,使得油松水平阶土壤养分和水分条件最佳且土壤稳定性最高。

第二节　不同植物群落根系对土壤性质的影响

植物根系在碳氧循环和分配方面有着重要作用,并对稳定坡面和控制侵蚀有着根本性影响。植物根系可以为植物本身提供稳定性支持,而且相对于裸土,根系密布的土壤对于风蚀、水蚀和重力侵蚀的抗性更高。除锚定作用外,植物根系的最基本作用还是吸收植物生长所必需的营养,尤其是氮、磷及土壤水分。因此,植物的生长策略是分化出多样化的地下部分来获取资源,并应对资源可利用性复杂多变的时空变化。

乔木和灌木根系在土壤中分布有很强的空间多样性,且分布范围广阔,因而并没有标准统一的采样方法可以适用于各种类型的植物根系,包括数米长、数厘米粗或直径小于 1 mm。由于系统测定根系特征的难度很高,所以探究植物根系特征与土壤的相关关系的意义更为重要。此外,尽管关注植物根系的研究已经很多,但植物根系对土壤性质的影响机制依然不明。因此,本书选定了 6 种研究区中典型的优势植物群落进行研究,分析其根系对于土壤养分、水分和土壤稳定性的影响。

一、不同植物群落的土壤质地差异

不同植物群落土壤粒径分布及其分形维数差异显著(见表 3-5,$P<0.05$),且随着土层深度增加,土壤粒径分布及其分形维数的变化无明显规律。油松群落和荒草地砂粒含量随土层加深而降低,而粉粒、黏粒含量及分形维数随土层加深而增加。其他 4 种植物群落黏粒含量均随土层加深而降低,而其他各参数随土层加深均无显著变化。与其他植物群落相比,油松群落砂粒含量最高且分形维数最低,而荒草地砂粒含量最低且分形维数最高($P<0.05$)。

表 3-5　不同植物群落土壤粒径分布及其分形维数的各土层对比

植被类型	植物群落	土层深度/cm	砂粒含量/%	粉粒含量/%	黏粒含量/%	分形维数 D
乔木	油松 PT	0~20	$31.09^{a}\pm2.80$	$64.60^{c}\pm3.23$	$4.31^{b}\pm0.39$	$2.73^{c}\pm0.25$
		20~40	$26.41^{a}\pm2.91$	$68.84^{c}\pm2.75$	$4.75^{a}\pm0.52$	$2.76^{b}\pm0.37$
		40~60	$25.54^{a}\pm2.30$	$70.05^{b}\pm3.51$	$4.41^{b}\pm0.40$	$2.76^{c}\pm0.25$
		60~80	$25.04^{a}\pm2.75$	$70.73^{b}\pm2.83$	$4.23^{b}\pm0.47$	$2.76^{b}\pm0.32$
		80~100	$24.43^{a}\pm2.20$	$71.31^{b}\pm3.57$	$4.26^{b}\pm0.37$	$2.76^{b}\pm0.26$
		100~120	$23.55^{a}\pm2.59$	$71.97^{b}\pm2.88$	$4.48^{a}\pm0.49$	$2.77^{b}\pm0.33$
		120~140	$23.81^{a}\pm2.14$	$71.84^{b}\pm3.59$	$4.35^{b}\pm0.39$	$2.77^{b}\pm0.21$
		140~160	$23.70^{a}\pm2.61$	$71.94^{b}\pm2.88$	$4.36^{b}\pm0.48$	$2.77^{b}\pm0.33$
		160~180	$24.68^{a}\pm2.22$	$71.09^{b}\pm3.55$	$4.24^{b}\pm0.38$	$2.76^{b}\pm0.24$
		180~200	$23.76^{a}\pm2.61$	$71.75^{b}\pm2.87$	$4.49^{b}\pm0.49$	$2.77^{b}\pm0.33$
	侧柏 PO	0~20	$22.72^{b}\pm2.04$	$70.70^{b}\pm3.54$	$6.58^{a}\pm0.59$	$2.83^{ab}\pm0.25$
		20~40	$22.08^{b}\pm2.43$	$72.19^{b}\pm2.89$	$5.73^{a}\pm0.63$	$2.82^{a}\pm0.31$
		40~60	$22.22^{a}\pm2.00$	$71.86^{b}\pm3.59$	$5.92^{a}\pm0.53$	$2.82^{ab}\pm0.25$
		60~80	$22.27^{a}\pm2.45$	$72.45^{b}\pm2.90$	$5.28^{ab}\pm0.58$	$2.80^{b}\pm0.31$
		80~100	$23.12^{a}\pm2.08$	$72.05^{b}\pm3.63$	$4.83^{b}\pm0.43$	$2.79^{b}\pm0.25$
		100~120	$23.20^{a}\pm2.55$	$72.38^{b}\pm2.94$	$4.42^{a}\pm0.49$	$2.77^{b}\pm0.30$
		120~140	$22.80^{a}\pm2.05$	$72.63^{b}\pm3.63$	$4.57^{b}\pm0.41$	$2.78^{b}\pm0.25$
		140~160	$22.52^{a}\pm2.48$	$72.89^{b}\pm2.92$	$4.58^{b}\pm0.51$	$2.78^{b}\pm0.31$
		160~180	$23.60^{a}\pm2.12$	$72.04^{b}\pm3.67$	$4.36^{b}\pm0.39$	$2.77^{b}\pm0.25$
		180~200	$22.84^{a}\pm2.51$	$72.56^{b}\pm2.94$	$4.60^{b}\pm0.51$	$2.78^{b}\pm0.31$

续表 3-5

植被类型	植物群落	土层深度/cm	砂粒含量/%	粉粒含量/%	黏粒含量/%	分形维数 *D*
乔木	山杏 AS	0~20	23.04^{b}±2.07	70.37^{b}±3.52	6.60^{a}±0.59	2.83^{ab}±0.25
		20~40	22.29^{b}±2.45	71.72^{b}±2.87	5.99^{a}±0.66	2.82^{a}±0.32
		40~60	23.69^{a}±2.13	71.16^{b}±3.56	5.14^{ab}±0.46	2.79^{bc}±0.26
		60~80	23.96^{a}±2.64	71.33^{b}±2.85	4.71^{ab}±0.52	2.78^{b}±0.32
		80~100	24.39^{a}±2.20	71.22^{b}±3.56	4.39^{b}±0.41	2.77^{b}±0.26
		100~120	23.57^{a}±2.59	71.87^{b}±2.87	4.56^{a}±0.52	2.78^{b}±0.32
		120~140	22.82^{a}±2.05	72.54^{b}±3.63	4.64^{b}±0.42	2.78^{b}±0.29
		140~160	23.3^{a}±2.56	72.06^{b}±2.88	4.64^{b}±0.51	2.78^{b}±0.33
		160~180	22.66^{a}±2.04	72.73^{b}±3.64	4.62^{b}±0.42	2.78^{b}±0.27
		180~200	23.46^{a}±2.58	72.06^{b}±2.88	4.47^{b}±0.49	2.77^{b}±0.33
灌木	柠条 CK	0~20	23.64^{b}±2.13	71.09^{b}±3.55	5.27^{b}±0.47	2.80^{b}±0.29
		20~40	23.3^{b}±2.56	72.00^{b}±2.88	4.70^{a}±0.52	2.78^{ab}±0.30
		40~60	23.97^{a}±2.16	71.64^{b}±3.58	4.39^{b}±0.42	2.77^{c}±0.25
		60~80	23.61^{a}±2.60	71.90^{b}±2.88	4.50^{b}±0.57	2.77^{b}±0.27
		80~100	23.60^{a}±2.12	71.87^{b}±3.59	4.54^{b}±0.41	2.78^{b}±0.24
		100~120	22.82^{a}±2.51	72.34^{b}±2.89	4.84^{a}±0.53	2.79^{b}±0.32
		120~140	23.16^{a}±2.08	72.15^{b}±3.61	4.69^{b}±0.42	2.78^{b}±0.24
		140~160	22.88^{a}±2.52	72.28^{b}±2.89	4.84^{b}±0.53	2.79^{b}±0.26
		160~180	22.91^{a}±2.06	72.32^{b}±3.62	4.76^{b}±0.43	2.79^{b}±0.25
		180~200	22.31^{a}±2.45	72.78^{b}±2.91	4.91^{b}±0.54	2.79^{b}±0.29
草本植物	紫花苜蓿 MS	0~20	22.41^{b}±2.02	70.83^{b}±3.54	6.76^{a}±0.61	2.84^{a}±0.26
		20~40	23.87^{b}±2.63	70.79^{b}±2.83	5.34^{a}±0.59	2.80^{ab}±0.31
		40~60	24.70^{a}±2.22	70.55^{b}±3.53	4.76^{b}±0.43	2.77^{c}±0.25
		60~80	23.61^{a}±2.64	71.73^{b}±2.87	4.66^{ab}±0.51	2.78^{b}±0.26
		80~100	25.38^{a}±2.28	70.30^{b}±3.52	4.33^{b}±0.39	2.76^{b}±0.25
		100~120	24.41^{a}±2.69	71.22^{b}±2.85	4.37^{a}±0.48	2.76^{b}±0.29
		120~140	24.15^{a}±2.17	71.34^{b}±3.57	4.51^{b}±0.41	2.77^{b}±0.25
		140~160	23.85^{a}±2.62	71.42^{b}±2.86	4.73^{b}±0.52	2.78^{b}±0.31
		160~180	24.74^{a}±2.23	70.72^{b}±3.54	4.53^{b}±0.41	2.77^{b}±0.27
		180~200	24.62^{a}±2.71	70.89^{b}±2.84	4.49^{b}±0.49	2.77^{b}±0.30

续表 3-5

植被类型	植物群落	土层深度/cm	砂粒含量/%	粉粒含量/%	黏粒含量/%	分形维数 D
草本植物	荒草 GR	0~20	$19.90^{b}\pm1.79$	$74.78^{a}\pm3.74$	$5.33^{b}\pm0.48$	$2.82^{ab}\pm0.29$
		20~40	$19.80^{c}\pm2.18$	$75.32^{a}\pm3.01$	$4.87^{a}\pm0.54$	$2.81^{a}\pm0.33$
		40~60	$17.34^{b}\pm1.56$	$76.89^{a}\pm3.84$	$5.77^{a}\pm0.52$	$2.86^{a}\pm0.28$
		60~80	$17.30^{b}\pm1.91$	$76.98^{a}\pm3.08$	$5.73^{a}\pm0.63$	$2.86^{a}\pm0.30$
		80~100	$15.66^{b}\pm1.41$	$78.68^{a}\pm3.93$	$5.67^{a}\pm0.51$	$2.87^{a}\pm0.26$
		100~120	$15.30^{b}\pm1.68$	$79.15^{a}\pm3.17$	$5.55^{a}\pm0.61$	$2.87^{a}\pm0.31$
		120~140	$13.95^{b}\pm1.26$	$80.10^{a}\pm4.01$	$5.95^{a}\pm0.54$	$2.90^{a}\pm0.26$
		140~160	$13.05^{b}\pm1.44$	$80.71^{a}\pm3.23$	$6.24^{a}\pm0.69$	$2.92^{a}\pm0.32$
		160~180	$15.86^{b}\pm1.43$	$78.24^{a}\pm3.91$	$5.90^{a}\pm0.53$	$2.88^{a}\pm0.26$
		180~200	$16.16^{b}\pm1.78$	$78.23^{a}\pm3.13$	$5.61^{a}\pm0.62$	$2.87^{a}\pm0.32$

注:不同小写字母表示不同群落同一土层深度间差异显著($P<0.05$)且均使用 Tukey' s HSD 检验进行多重比较。

二、不同植物群落的土壤养分和水分差异

如表 3-6 所示,不同植物群落间土壤养分差异显著($P<0.05$),且随着土层深度增加,土壤全氮、有机碳、碳氮比及土壤水分含量(除荒草地的土壤水分含量外)均逐渐降低,而土壤全磷在不同土层深度中无显著差异。此外,乔木群落土壤养分(全氮、全磷、有机碳和碳氮比)和水分含量显著高于灌木和草本植物。具体来说,在 0~200 cm 土层,油松和山杏群落土壤全氮值最高,草本植物(紫花苜蓿和荒草)土壤全氮值最低;山杏群落土壤全磷值最高,柠条和紫花苜蓿群落土壤全磷值最低;油松群落土壤有机碳和碳氮比值最高,紫花苜蓿群落土壤有机碳和碳氮比值最低;侧柏群落土壤水分含量最高,柠条群落土壤水分含量最低($P<0.05$)。

表 3-6　不同植物群落间土壤养分、水分对比

植被类型	植物群落	土层深度/cm	全氮 STN/(g/kg)	全磷 STP/(g/kg)	土壤有机碳 SOC/(g/kg)	碳氮比 C/N	土壤水分含量/%
乔木	油松 PT	0~20	$1.33^{a}\pm0.12$	$0.58^{b}\pm0.05$	$14.55^{a}\pm1.31$	$10.83^{a}\pm0.97$	$9.38^{b}\pm0.84$
		20~40	$1.30^{a}\pm0.14$	$0.53^{ab}\pm0.06$	$13.87^{a}\pm1.11$	$10.73^{a}\pm0.86$	$9.18^{bc}\pm0.73$
		40~60	$1.01^{a}\pm0.09$	$0.55^{b}\pm0.06$	$9.42^{a}\pm0.85$	$9.34^{a}\pm0.84$	$8.86^{ab}\pm0.80$
		60~80	$0.73^{a}\pm0.06$	$0.55^{a}\pm0.04$	$6.33^{a}\pm0.51$	$8.70^{a}\pm0.70$	$7.50^{ab}\pm0.64$
		80~100	$0.55^{a}\pm0.05$	$0.55^{b}\pm0.05$	$3.72^{a}\pm0.33$	$6.59^{a}\pm0.59$	$5.98^{b}\pm0.54$
		100~120	$0.54^{a}\pm0.04$	$0.55^{b}\pm0.04$	$3.70^{a}\pm0.31$	$6.79^{a}\pm0.54$	$5.93^{b}\pm0.47$
		120~140	$0.49^{a}\pm0.04$	$0.56^{b}\pm0.04$	$3.21^{a}\pm0.29$	$6.61^{a}\pm0.59$	$6.06^{b}\pm0.55$
		140~160	$0.45^{b}\pm0.04$	$0.56^{b}\pm0.04$	$2.59^{b}\pm0.21$	$5.80^{b}\pm0.46$	$6.05^{bc}\pm0.48$
		160~180	$0.45^{a}\pm0.04$	$0.56^{ab}\pm0.05$	$2.82^{a}\pm0.25$	$6.24^{a}\pm0.56$	$5.96^{b}\pm0.54$
		180~200	$0.46^{a}\pm0.04$	$0.57^{b}\pm0.05$	$2.85^{a}\pm0.23$	$6.21^{a}\pm0.5$	$5.93^{b}\pm0.47$

续表 3-6

植被类型	植物群落	土层深度/cm	全氮 STN/(g/kg)	全磷 STP/(g/kg)	土壤有机碳 SOC/(g/kg)	碳氮比 C/N	土壤水分含量/%
乔木	侧柏 PO	0~20	$1.10^{ab}\pm0.11$	$0.55^{b}\pm0.06$	$8.65^{bc}\pm0.78$	$7.50^{bc}\pm0.68$	$12.23^{a}\pm1.10$
		20~40	$0.73^{b}\pm0.06$	$0.51^{b}\pm0.03$	$4.42^{c}\pm0.35$	$5.91^{c}\pm0.47$	$12.98^{a}\pm1.04$
		40~60	$0.60^{b}\pm0.05$	$0.52^{b}\pm0.05$	$3.11^{b}\pm0.28$	$5.04^{b}\pm0.45$	$10.84^{a}\pm0.98$
		60~80	$0.60^{a}\pm0.05$	$0.54^{a}\pm0.07$	$3.16^{b}\pm0.25$	$5.15^{b}\pm0.41$	$10.07^{a}\pm0.81$
		80~100	$0.54^{a}\pm0.05$	$0.53^{b}\pm0.05$	$2.95^{a}\pm0.27$	$5.33^{a}\pm0.48$	$8.75^{a}\pm0.79$
		100~120	$0.49^{a}\pm0.04$	$0.52^{b}\pm0.04$	$2.58^{ab}\pm0.21$	$4.91^{ab}\pm0.39$	$8.30^{a}\pm0.66$
		120~140	$0.47^{a}\pm0.04$	$0.53^{b}\pm0.05$	$2.11^{a}\pm0.19$	$4.41^{a}\pm0.40$	$7.48^{a}\pm0.67$
		140~160	$0.48^{ab}\pm0.04$	$0.56^{b}\pm0.03$	$2.44^{b}\pm0.22$	$4.92^{b}\pm0.39$	$7.06^{b}\pm0.56$
		160~180	$0.47^{a}\pm0.04$	$0.56^{ab}\pm0.05$	$2.24^{a}\pm0.21$	$4.72^{a}\pm0.42$	$6.75^{b}\pm0.61$
		180~200	$0.51^{a}\pm0.04$	$0.56^{b}\pm0.04$	$2.75^{a}\pm0.22$	$5.23^{a}\pm0.42$	$6.66^{b}\pm0.53$
	山杏 AS	0~20	$1.46^{a}\pm0.13$	$0.66^{a}\pm0.05$	$12.33^{ab}\pm1.11$	$8.38^{ab}\pm0.75$	$12.94^{a}\pm1.16$
		20~40	$1.09^{a}\pm0.09$	$0.62^{a}\pm0.04$	$8.03^{b}\pm0.64$	$7.20^{b}\pm0.58$	$11.27^{ab}\pm0.94$
		40~60	$0.78^{ab}\pm0.07$	$0.62^{a}\pm0.06$	$5.20^{b}\pm0.47$	$6.45^{b}\pm0.58$	$8.66^{ab}\pm0.78$
		60~80	$0.61^{a}\pm0.05$	$0.62^{a}\pm0.05$	$3.30^{b}\pm0.26$	$5.32^{b}\pm0.43$	$7.25^{ab}\pm0.58$
		80~100	$0.56^{a}\pm0.05$	$0.63^{a}\pm0.04$	$2.67^{a}\pm0.24$	$4.68^{a}\pm0.42$	$6.69^{b}\pm0.62$
		100~120	$0.54^{a}\pm0.04$	$0.65^{a}\pm0.05$	$2.50^{ab}\pm0.27$	$4.59^{ab}\pm0.37$	$6.19^{b}\pm0.54$
		120~140	$0.54^{a}\pm0.05$	$0.63^{a}\pm0.03$	$2.51^{a}\pm0.23$	$4.58^{a}\pm0.41$	$6.20^{b}\pm0.56$
		140~160	$0.51^{ab}\pm0.04$	$0.64^{b}\pm0.05$	$2.41^{b}\pm0.19$	$4.72^{b}\pm0.38$	$6.20^{bc}\pm0.53$
		160~180	$0.51^{a}\pm0.05$	$0.65^{ab}\pm0.03$	$2.34^{a}\pm0.21$	$4.59^{a}\pm0.41$	$6.24^{b}\pm0.56$
		180~200	$0.52^{a}\pm0.04$	$0.64^{a}\pm0.05$	$2.43^{a}\pm0.19$	$4.68^{a}\pm0.37$	$6.04^{b}\pm0.48$
灌木	柠条 CK	0~20	$1.17^{ab}\pm0.11$	$0.53^{b}\pm0.05$	$7.51^{bc}\pm0.68$	$6.26^{bc}\pm0.56$	$5.36^{c}\pm0.48$
		20~40	$0.60^{b}\pm0.05$	$0.52^{b}\pm0.04$	$2.74^{c}\pm0.22$	$4.56^{c}\pm0.36$	$4.50^{d}\pm0.52$
		40~60	$0.52^{b}\pm0.05$	$0.53^{b}\pm0.05$	$2.19^{b}\pm0.24$	$4.19^{b}\pm0.38$	$4.74^{c}\pm0.43$
		60~80	$0.48^{a}\pm0.04$	$0.54^{a}\pm0.03$	$1.98^{b}\pm0.16$	$4.10^{b}\pm0.33$	$4.67^{b}\pm0.37$
		80~100	$0.52^{a}\pm0.05$	$0.53^{b}\pm0.03$	$1.93^{a}\pm0.17$	$3.90^{a}\pm0.35$	$4.74^{b}\pm0.43$
		100~120	$0.49^{a}\pm0.04$	$0.53^{b}\pm0.04$	$1.82^{b}\pm0.15$	$3.74^{b}\pm0.33$	$4.69^{b}\pm0.38$
		120~140	$0.46^{a}\pm0.02$	$0.52^{b}\pm0.03$	$1.77^{a}\pm0.16$	$3.82^{a}\pm0.34$	$4.77^{b}\pm0.43$
		140~160	$0.46^{b}\pm0.02$	$0.54^{b}\pm0.04$	$1.80^{b}\pm0.14$	$3.86^{b}\pm0.31$	$4.83^{c}\pm0.39$
		160~180	$0.46^{a}\pm0.04$	$0.53^{b}\pm0.05$	$1.86^{a}\pm0.17$	$4.00^{a}\pm0.36$	$4.92^{b}\pm0.44$
		180~200	$0.47^{a}\pm0.04$	$0.54^{b}\pm0.04$	$2.98^{a}\pm0.24$	$6.35^{a}\pm0.51$	$4.98^{b}\pm0.43$

续表 3-6

植被类型	植物群落	土层深度/cm	全氮 STN/(g/kg)	全磷 STP/(g/kg)	土壤有机碳 SOC/(g/kg)	碳氮比 C/N	土壤水分含量/%
草本植物	紫花苜蓿 MS	0~20	$0.74^{b}\pm0.07$	$0.55^{b}\pm0.05$	$4.12^{c}\pm0.37$	$5.56^{c}\pm0.05$	$6.94^{c}\pm0.62$
		20~40	$0.56^{b}\pm0.04$	$0.57^{ab}\pm0.04$	$2.62^{c}\pm0.21$	$4.61^{c}\pm0.37$	$8.85^{bc}\pm0.71$
		40~60	$0.52^{b}\pm0.05$	$0.54^{b}\pm0.03$	$2.26^{b}\pm0.24$	$4.23^{b}\pm0.38$	$7.29^{b}\pm0.66$
		60~80	$0.53^{a}\pm0.04$	$0.55^{a}\pm0.04$	$2.29^{b}\pm0.18$	$4.20^{b}\pm0.34$	$6.40^{b}\pm0.51$
		80~100	$0.55^{a}\pm0.05$	$0.55^{b}\pm0.04$	$2.66^{a}\pm0.24$	$4.71^{a}\pm0.42$	$6.12^{b}\pm0.55$
		100~120	$0.50^{a}\pm0.04$	$0.56^{b}\pm0.04$	$2.06^{b}\pm0.16$	$4.10^{b}\pm0.33$	$5.74^{b}\pm0.46$
		120~140	$0.47^{a}\pm0.04$	$0.54^{b}\pm0.05$	$1.73^{a}\pm0.16$	$3.73^{a}\pm0.34$	$5.63^{b}\pm0.51$
		140~160	$0.47^{b}\pm0.02$	$0.57^{b}\pm0.03$	$1.86^{b}\pm0.15$	$3.97^{b}\pm0.32$	$5.54^{c}\pm0.44$
		160~180	$0.46^{a}\pm0.03$	$0.56^{ab}\pm0.05$	$1.62^{a}\pm0.15$	$3.51^{a}\pm0.32$	$5.34^{b}\pm0.48$
		180~200	$0.46^{a}\pm0.04$	$0.59^{ab}\pm0.05$	$1.74^{a}\pm0.14$	$3.78^{a}\pm0.34$	$5.14^{b}\pm0.41$
	荒草 GR	0~20	$0.89^{b}\pm0.08$	$0.57^{b}\pm0.05$	$6.26^{c}\pm0.56$	$6.78^{c}\pm0.61$	$4.99^{c}\pm0.45$
		20~40	$0.66^{b}\pm0.05$	$0.52^{b}\pm0.04$	$3.32^{c}\pm0.27$	$5.02^{c}\pm0.40$	$7.29^{c}\pm0.58$
		40~60	$0.55^{b}\pm0.05$	$0.52^{b}\pm0.03$	$2.57^{b}\pm0.23$	$4.70^{b}\pm0.42$	$8.87^{ab}\pm0.82$
		60~80	$0.50^{a}\pm0.04$	$0.61^{a}\pm0.05$	$2.40^{b}\pm0.19$	$4.77^{b}\pm0.38$	$10.50^{a}\pm0.84$
		80~100	$0.49^{a}\pm0.04$	$0.55^{b}\pm0.05$	$2.28^{a}\pm0.21$	$4.67^{a}\pm0.42$	$10.03^{a}\pm0.91$
		100~120	$0.52^{a}\pm0.04$	$0.55^{b}\pm0.04$	$2.39^{ab}\pm0.19$	$4.5^{ab}\pm0.36$	$8.18^{a}\pm0.65$
		120~140	$0.54^{a}\pm0.05$	$0.58^{ab}\pm0.03$	$2.56^{a}\pm0.23$	$4.63^{a}\pm0.42$	$8.67^{a}\pm0.78$
		140~160	$0.55^{a}\pm0.04$	$0.63^{a}\pm0.03$	$3.47^{a}\pm0.28$	$6.41^{a}\pm0.51$	$9.39^{a}\pm0.75$
		160~180	$0.52^{a}\pm0.05$	$0.69^{a}\pm0.06$	$2.99^{a}\pm0.27$	$5.72^{a}\pm0.51$	$10.59^{a}\pm0.95$
		180~200	$0.54^{a}\pm0.04$	$0.67^{a}\pm0.05$	$3.34^{a}\pm0.27$	$6.32^{a}\pm0.51$	$11.93^{a}\pm0.95$

注：不同小写字母表示不同群落同一土层深度间差异显著（$P<0.05$）且均使用 Tukey's HSD 检验进行多重比较。

三、不同植物群落的土壤抗侵蚀力差异

不同植物群落的土壤抗侵蚀力强弱也有明显差异（见表 3-7，$P<0.05$），随着土层加深，土壤可蚀性均逐渐升高而土壤抗冲性逐渐降低，土壤相对剥离速率无明显变化。在 0~200 cm 土层中，乔木群落土壤抗侵蚀力在三种植被类型中相对较高（土壤可蚀性和相对剥离速率低，土壤抗冲性高），其中，由于受其根系分布和土壤粒径分布差异的影响，油松群落土壤可蚀性（0.17~0.21）显著低于其他植物群落，而荒草地土壤可蚀性最高（0.21~0.23）；侧柏群落土壤抗冲性显著高于其他样地（0.23~2.65），而紫花苜蓿的土壤抗冲性最低（0.31~0.43）；同时，油松群落土壤相对剥离速率也为最低（0.01~0.07），而相较于其他植物群落，草本（紫花苜蓿和荒草）土壤相对剥离速率明显较高（0.50~0.99）。

表 3-7　不同植物群落抗侵蚀力的各土层对比

植被类型	植物群落	土层深度/cm	土壤可蚀性 *K*	土壤抗冲性 AS/(L/g)	土壤相对剥离速率 RSD
乔木	油松 PT	0~20	$0.17^{c}\pm0.01$	$2.29^{ab}\pm0.18$	$0.01^{c}\pm0$
		20~40	$0.17^{c}\pm0.02$	$0.80^{bc}\pm0.07$	$0.07^{f}\pm0.01$
		40~60	$0.20^{b}\pm0.02$	$0.55^{a}\pm0.04$	$0.03^{d}\pm0$
		60~80	$0.21^{c}\pm0.01$	$0.36^{ab}\pm0.03$	$0.01^{d}\pm0$
		80~100	$0.21^{b}\pm0.02$	$0.26^{a}\pm0.02$	$0.01^{e}\pm0$
		100~120	$0.21^{b}\pm0.03$	$0.28^{ab}\pm0.03$	$0^{f}\pm0$
		120~140	$0.21^{b}\pm0.02$	$0.21^{abc}\pm0.02$	$0^{e}\pm0$
		140~160	$0.21^{b}\pm0.02$	$0.22^{ab}\pm0.02$	$0.01^{e}\pm0$
	侧柏 PO	0~20	$0.20^{ab}\pm0.02$	$2.65^{a}\pm0.21$	$0.06^{c}\pm0.01$
		20~40	$0.21^{a}\pm0.02$	$1.52^{a}\pm0.14$	$0.21^{e}\pm0.02$
		40~60	$0.21^{a}\pm0.01$	$0.77^{a}\pm0.06$	$0.30^{c}\pm0.02$
		60~80	$0.22^{b}\pm0.02$	$0.51^{ab}\pm0.05$	$0.11^{c}\pm0.01$
		80~100	$0.22^{b}\pm0.02$	$0.38^{a}\pm0.03$	$0.05^{d}\pm0$
		100~120	$0.22^{b}\pm0.03$	$0.35^{ab}\pm0.03$	$0.18^{e}\pm0.02$
		120~140	$0.22^{b}\pm0.02$	$0.34^{a}\pm0.03$	$0.57^{b}\pm0.05$
		140~160	$0.22^{b}\pm0.02$	$0.23^{ab}\pm0.02$	$0.21^{c}\pm0.02$
	山杏 AS	0~20	$0.18^{bc}\pm0.01$	$1.35^{b}\pm0.11$	$0.14^{c}\pm0.01$
		20~40	$0.20^{b}\pm0.02$	$0.57^{bc}\pm0.05$	$0.37^{d}\pm0.03$
		40~60	$0.21^{a}\pm0.02$	$0.28^{a}\pm0.02$	$0.54^{b}\pm0.04$
		60~80	$0.21^{b}\pm0.03$	$0.23^{b}\pm0.02$	$0.39^{b}\pm0.04$
		80~100	$0.21^{b}\pm0.02$	$0.19^{a}\pm0.02$	$0.06^{d}\pm0$
		100~120	$0.21^{b}\pm0.02$	$0.21^{ab}\pm0.02$	$0.21^{c}\pm0.02$
		120~140	$0.22^{b}\pm0.03$	$0.14^{bc}\pm0.01$	$0.16^{d}\pm0.01$
		140~160	$0.22^{b}\pm0.02$	$0.13^{b}\pm0.01$	$0.08^{d}\pm0.01$
灌木	柠条 CK	0~20	$0.20^{ab}\pm0.02$	$1.65^{b}\pm0.13$	$0.12^{c}\pm0.01$
		20~40	$0.21^{a}\pm0.02$	$0.99^{abc}\pm0.09$	$0.49^{c}\pm0.04$
		40~60	$0.21^{a}\pm0.01$	$0.77^{a}\pm0.06$	$0.51^{b}\pm0.04$
		60~80	$0.22^{b}\pm0.02$	$0.67^{a}\pm0.06$	$0.12^{c}\pm0.01$
		80~100	$0.22^{b}\pm0.02$	$0.38^{a}\pm0.03$	$0.09^{c}\pm0.01$
		100~120	$0.22^{b}\pm0.02$	$0.23^{ab}\pm0.02$	$0.22^{c}\pm0.02$
		120~140	$0.22^{b}\pm0.01$	$0.23^{abc}\pm0.02$	$0.52^{c}\pm0.04$
		140~160	$0.22^{b}\pm0.02$	$0.24^{ab}\pm0.02$	$0.20^{c}\pm0.02$
草本植物	紫花苜蓿 MS	0~20	$0.21^{a}\pm0.02$	$0.43^{c}\pm0.03$	$0.91^{a}\pm0.07$
		20~40	$0.21^{a}\pm0.02$	$0.43^{c}\pm0.04$	$0.93^{a}\pm0.08$
		40~60	$0.21^{a}\pm0.02$	$0.40^{a}\pm0.03$	$0.95^{a}\pm0.08$
		60~80	$0.21^{b}\pm0.03$	$0.34^{b}\pm0.03$	$0.94^{a}\pm0.08$
		80~100	$0.21^{b}\pm0.02$	$0.39^{a}\pm0.03$	$0.96^{b}\pm0.08$
		100~120	$0.21^{b}\pm0.02$	$0.32^{ab}\pm0.03$	$0.95^{b}\pm0.09$
		120~140	$0.21^{b}\pm0.03$	$0.31^{ab}\pm0.02$	$0.95^{a}\pm0.08$
		140~160	$0.21^{b}\pm0.02$	$0.33^{a}\pm0.03$	$0.94^{b}\pm0.08$

续表 3-7

植被类型	植物群落	土层深度/cm	土壤可蚀性 K	土壤抗冲性 AS/(L/g)	土壤相对剥离速率 RSD
草本植物	荒草 GR	0~20	$0.21^{a}\pm0.02$	$1.42^{b}\pm0.11$	$0.50^{b}\pm0.04$
		20~40	$0.22^{a}\pm0.02$	$1.14^{ab}\pm0.10$	$0.82^{b}\pm0.07$
		40~60	$0.22^{a}\pm0.03$	$0.85^{a}\pm0.07$	$0.91^{a}\pm0.07$
		60~80	$0.22^{a}\pm0.03$	$0.21^{b}\pm0.02$	$0.97^{a}\pm0.09$
		80~100	$0.23^{a}\pm0.02$	$0.18^{a}\pm0.01$	$0.98^{a}\pm0.08$
		100~120	$0.23^{a}\pm0.03$	$0.11^{b}\pm0.01$	$0.99^{a}\pm0.09$
		120~140	$0.23^{a}\pm0.02$	$0.07^{c}\pm0.01$	$0.99^{a}\pm0.08$
		140~160	$0.23^{a}\pm0.02$	$0.10^{b}\pm0.01$	$0.99^{a}\pm0.09$

注：不同小写字母表示不同群落同一土层深度间差异显著($P<0.05$)且均使用 Tukey's HSD 检验进行多重比较。

四、植物根系对土壤性质的影响

不同植物群落根系分布与土壤养分、水分、抗侵蚀力的关系如表 3-8 所示。各根系参数间相关关系显著，且彼此间均呈显著正相关关系($P<0.01$)。粗根密度和细根密度均与粉粒含量呈极显著负相关关系($P<0.01$)，而与砂粒含量显著正相关($P<0.05$)。总体而言，根系分布与土壤养分显著正相关($P<0.05$)，且细根密度也与土壤水分显著正相关($P<0.01$)。此外，根据蒙特卡罗检验，CCA 分析结果表明，在各植物群落中，根系分布(粗根密度、细根密度、细根长度密度、细根表面积密度和细根体积密度)和土壤质地(砂粒、粉粒、黏粒含量及其分形维数)共同解释了土壤养分(全氮、全磷、土壤有机碳和碳氮比)、土壤水分和土壤抗侵蚀力(土壤可蚀性、抗冲性和相对剥离速率)55.8%的变化(见图 3-3)。其中，根系分布解释了 69.3%的变化($P<0.01$)，土壤质地解释了 6.9%的变化($P<0.01$)，两者的交互作用解释了 23.8%的变化($P<0.01$)。

结构方程模型分析结果如图 3-4 所示，根系分布(粗根密度、细根密度、细根长度密度)对土壤养分(全氮、全磷、土壤有机碳和碳氮比)、水分和土壤稳定性(土壤粒径分形维数、土壤可蚀性、抗冲性和相对剥离速率)的效应模拟拟合度很高，具体参数分别为：根系分布对土壤养分和水分[见图 3-4(a)]，$\chi^2/df=1.425$，CFI=1.000，AGFI=0.967，GFI=0.997，IFI=1.000；根系分布对土壤稳定性[见图 3-4(b)，$\chi^2/df=1.843$，CFI=0.999，AGFI=0.962，GFI=0.995，IFI=0.999。

根系分布参数对土壤养分和水分的效应各不相同。粗根密度对土壤碳氮比有显著正效应(通径系数=0.13，$P<0.01$)，而对土壤水分有显著负效应(通径系数=−0.20，$P<0.001$)；细根密度对土壤碳氮比(通径系数=0.66，$P<0.001$)、土壤水分(通径系数=0.34，$P<0.001$)、土壤全氮(通径系数=0.58，$P<0.001$)和土壤有机碳(通径系数=0.69，$P<0.001$)均有显著正效应，而对土壤全磷有显著负效应(通径系数=−0.19，$P<0.05$)；细根长度密度对土壤碳氮比有显著负效应(通径系数=−0.15，$P<0.05$)，而对土壤全氮有显著正效应(通径系数=0.14，$P<0.05$)。

表 3-8　不同植物群落根系分布与土壤性质的相关关系

相关因素		根系分布参数					土壤质地				土壤抗侵蚀力			土壤养分和水分				
		CRB	FRB	FRL	FRSA	FRV	CLAY	SILT	SAND	*D*	*K*	AS	RSD	SM	STN	STP	SOC	SCN
根系分布参数	CRB	1																
	FRB	0.69**	1															
	FRL	0.51**	0.78**	1														
	FRSA	0.55**	0.84**	0.99**	1													
	FRV	0.59**	0.87**	0.97**	0.99**	1												
土壤质地	CLAY	−0.03	0.16	0.37*	0.32	0.28	1											
	SILT	−0.69**	−0.57**	−0.14	−0.21	−0.28	0.38*	1										
	SAND	0.58**	0.42*	−0.01	0.06	0.14	−0.64**	−0.95**	1									
	D	−0.27	−0.07	0.24	0.18	0.12	0.94**	0.67**	−0.86**	1								
土壤抗侵蚀力	*K*	−0.68**	−0.53**	−0.14	−0.19	−0.26	0.16	0.83**	−0.74**	0.44**	1							
	AS	0.65**	0.89**	0.96**	0.98**	0.99**	0.23	−0.35*	0.21	0.06	−0.31	1						
	RSD	−0.66**	−0.71**	−0.46**	−0.50**	−0.54**	−0.06	0.55**	−0.43**	0.16	0.66**	−0.57**	1					
土壤养分和水分	SM	0.16	0.44**	0.31	0.33	0.29	0.58**	−0.06	−0.14	0.44**	−0.20	0.31	−0.39*	1				
	STN	0.58**	0.60**	0.36*	0.37*	0.43**	0.15	−0.56**	0.42*	−0.09	−0.85**	0.43**	−0.68**	0.36*	1			
	STP	0.08	0.09	−0.01	−0.04	−0.01	0.35*	−0.16	0.02	0.22	−0.37*	−0.03	0.01	0.34*	0.51**	1		
	SOC	0.62**	0.59**	0.24	0.28	0.34*	−0.03	−0.73**	0.61**	−0.29	−0.96**	0.37 *	−0.73**	0.36*	0.94**	0.43**	1	
	SCN	0.56**	0.48**	0.07	0.13	0.18	−0.14	−0.74**	0.66**	−0.39*	−0.89**	0.23	−0.73**	0.35*	0.78**	0.33*	0.93**	1

注：* 和 * * 分别表示显著性为 $P<0.05$ 和 $P<0.01$。各因子缩写含义如下：CRB—粗根密度；FRB—细根密度；FRL—细根长度密度；FRSA—细根表面积密度；FRV—细根体积密度；CLAY—黏粒含量；SILT—粉粒含量；SAND—砂粒含量；*D*—分形维数；*K*—土壤可蚀性；AS—土壤抗冲性；RSD—相对剥离速率；SM—土壤水分；STN—全氮；STP—全磷；SOC—土壤有机碳；SCN—碳氮比。

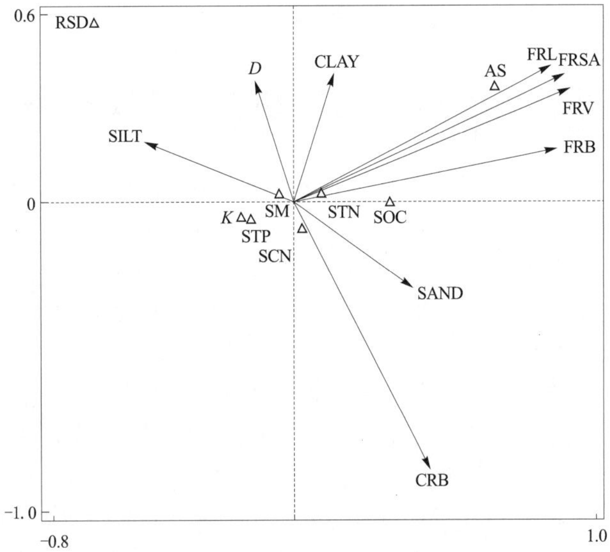

图中因子缩写含义见表 3-8。

图 3-3　土壤性质与根系分布的关系

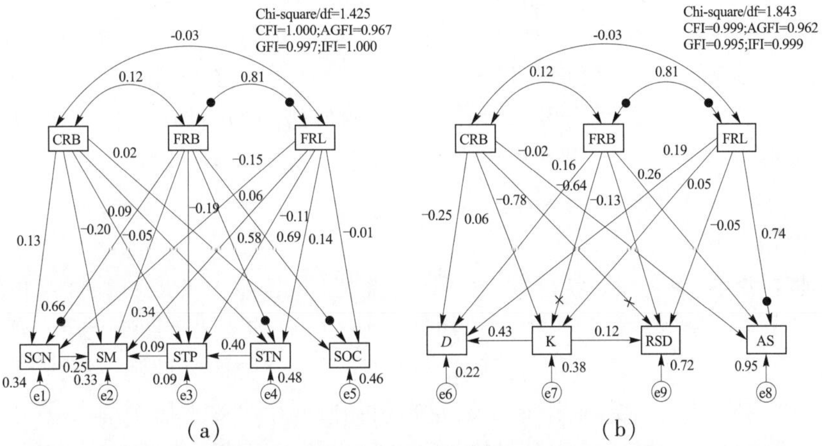

箭头表示总效应的方向，箭头边数字表示其通径系数，分别代表效应方向和总效应大小；箭头线上“×”“●”分别表示显著负效应、显著正效应，其余为不显著效应，$P<0.05$；拟合度参数在右上角显示；e1～e9 表示残差；图中因子缩写含义见表 3-8。

图 3-4　根系分布对土壤性质作用的通径图

另外，不同根系分布参数对土壤稳定性的效应也差异明显。粗根密度对土壤粒径分形维数（通径系数=−0.25，$P<0.001$）和土壤相对剥离速率（通径系数=−0.78，$P<0.05$）均有显著负效应；细根密度对土壤可蚀性（通径系数=−0.64，$P<0.001$）和相对剥离速率（通径系数=−0.13，$P<0.05$）均有显著负效应，但对土壤抗冲性有显著正效应（通径系数=0.26，$P<0.001$）；细根长度密度对土壤粒径分形维数（通径系数=0.19，$P<0.05$）和土壤抗冲性（通径系数=0.74，$P<0.001$）均有显著正效应。

（一）土壤养分

无论是从时间角度（根系衰老）还是空间角度（同一根系的不同部分），植物根系在解剖学、形态学和生理学方面都各不相同。植物依靠整个根系来进行土壤探索,但养分提取则主要是由细根片段负责。另外,在各类不同结构根系中,细根基本上在大部分根系作用中均有关键作用,包括根系伸长、养分水分汲取、与共生体合作以及碳分泌等。本书研究结果证明了这一观点,细根分布对土壤养分和水分的影响高于粗根[见图 3-4(a)]。细根密度对土壤养分、水分均有显著正效应,而粗根只对土壤碳氮比有显著正效应,且细根密度对土壤养分和水分的效应系数(对碳氮比:0.66;对土壤水分:0.34;对全磷:-0.19;对全氮:0.58;对土壤有机碳:0.69)也均高于粗根对土壤碳氮比(通径系数=0.13,$P<0.01$)。此外,近年研究表明,在植被恢复期间,植物根系可大幅促进稳定土壤有机物的形成,而且根系形态学特征与土壤有机物间有显著联系,这些结论也与本书中结果相似(见表 3-8)。

一般来说,随着植物生长,根系会从各个方面影响土壤性质。比如,根系的渗透和腐败会影响土壤孔隙结构和土壤水分状态。本书中,不同植物群落根系分布各不相同,而细根参数(细根密度、细根长度密度、细根表面积密度和细根体积密度)与土壤养分和水分(除土壤全磷外)均呈显著正相关关系(见表 3-8)。而且根系分布(粗根密度、细根密度、细根长度密度)对土壤养分、水分(全氮、全磷、土壤有机碳、碳氮比和土壤水分)和土壤抗侵蚀力(土壤可蚀性、抗冲性和相对剥离速率)的解释度最高(69.3%),粗根密度对土壤碳氮比(通径系数=0.13,$P<0.01$),细根密度对土壤碳氮比(通径系数=0.66,$P<0.001$)、土壤水分(通径系数=0.34,$P<0.001$)、土壤全氮(通径系数=0.58,$P<0.001$)和土壤有机碳(通径系数=0.69,$P<0.001$)均有显著正效应。综上所述,植物根系对于土壤养分和水分变化有显著正效应,土壤养分和水分在不同植物群落间的差异也主要归因于其根系分布差异。例如,由于其根系密度和细根密度均为最高,油松群落土壤全氮、有机碳和碳氮比在所有植物群落中也相应最高。

(二)土壤水分

根系垂直分布、根系形态学差异(粗细、密度和长度)以及功能可塑性均可影响植物水分提取和土壤水分含量。根系密度和分布随土壤深度的变化会影响土壤蒸散和运输水分的毛细作用。相比于灌木和乔木,草本植物对于浅层水分的利用率更高。而且,与不同土层的根系深度和土壤水分可用性无关,草本植物倾向于吸收上层土壤水分,而共生的灌木或乔木一般针对不同的土壤水分可用性会调整水分利用策略。所以,本书结果中,乔木上层土壤 0~60 cm 的水分显著高于灌木和草本(见表 3-6,$P<0.05$)。

此外,根系的水分传导和导管结构随植物种类、根系类型以及不同土层根系分布变化而变化。如果导管直径、数量或功能根生物量很小,深层土壤中的根系也不会消耗深层水分。而且,由于入渗加强,土壤水分会随着坡度上升而增加。因此,由于深层细根密度较小,荒草地在 60~200 cm 土层的土壤水分最高,且其他植物群落土壤水分间无显著差异(见表 3-6,$P<0.05$)。

(三)土壤稳定性

植物根系交织在土体中,形成密实的网状结构,可通过物理结合和化学连接土壤颗粒来加固土壤基质,从而提高土壤抗剪强度。同样,在本书中,植物根系也趋向于创造更稳定的土壤颗粒分布,提高土壤抗侵蚀力。粗根密度对土壤粒径分形维数(通径系数=-0.25,$P<0.001$)和土壤相对剥离速率(通径系数=-0.78,$P<0.05$)均有显著负效应;细

根密度对土壤可蚀性(通径系数=-0.64,$P<0.001$)、土壤相对剥离速率(通径系数=-0.13,$P<0.05$)均有显著负效应,对土壤抗冲性有显著正效应(通径系数=0.26,$P<0.001$);细根长度密度对土壤抗冲性有显著正效应(通径系数=0.74,$P<0.001$)。

不同植被类型根系对土壤稳定性的影响方式不同。树木可以通过蒸发蒸腾来改变土壤水分状况,并通过土壤的地幔来进行根系的加固。草本植物的完整根系(包括高阶根在内,通常是细根,但也不全是)寿命长且生长距离远,在土壤稳定中发挥重要作用(如减少土地滑坡的可能性和桥接土层)。在本书研究结果中,根系分布与土壤抗侵蚀性之间存在较高的相关系数(见表3-8,$P<0.01$),且根系分布解释了土壤养分、水分和土壤抗侵蚀力大部分变化(69.3%,$P<0.01$)。因此,由于根系分布差异,所有植被类型的土壤稳定性由高至低为乔木>灌木>草本植物,且三种乔木群落中油松样地的土壤稳定性最高(见表3-7,$P<0.05$)。

第三节　小　结

本章系统分析了不同整地措施下各植物群落根系分布对土壤属性及其抗侵蚀力的影响,结论如下:

(1)不同整地措施下各植物群落中土壤性质(土壤质地、养分、水分含量及抗侵蚀力)差异显著,其根系分布差异是土壤性质变化的主要因素。由于根系形态学参数值最高,水平阶和油松群落土壤养分和水分分别为各整地措施和植物群落中最高,土壤抗侵蚀力也最强。

(2)相对于粗根,细根根系对土壤养分、水分、稳定性和抗侵蚀力的提升作用更强,细根可以通过渗透、分解、连接和分泌等直接和间接的方式提高土壤养分、水分稳定性。

(3)各植物群落具有不同的水分利用策略,草本植物优先利用浅层(0~60 cm)土壤水分,而灌木和乔木则更多利用深层水分,且细根主要集中分布在表层土(0~40 cm)中,可通过增加土壤根系孔隙,增加水分入渗进而提升深层土壤水分。

第四章　不同整地措施下植物养分与土壤养分的关系

碳、氮和磷是生物体的关键组成元素，对于生物体的构成和功能性状均起着重要作用。根系是植物的养分获取器官，而细根是植物根系中最活跃的部分，对土壤养分供应的变化也最为敏感。了解植物体内养分含量及其土壤养分的关系对研究生态过程中能量和各种化学元素的平衡至关重要，可为研究从生物个体水平过渡到生态系统水平提供有力数据和理论支持。由于氮和磷一般是影响和限制陆地生态系统初级生产力的主要元素，因而植物体内的碳、氮、磷之间的比值也是研究生态系统过程的重要指标。相比于植物叶片，有关细根中的碳氮含量的研究则相对较少。此外，在生态系统演替过程中，土壤养分是影响植物养分吸收利用以及自身养分积累的最直接因素。由于我国黄土高原地区水土流失严重，在过去四十多年里，退耕还林进行植被恢复成为该地区应对生态环境问题的重要举措，因此对该地区植物养分与土壤养分关系的研究显得更为重要。

本章重点分析了不同整地措施下典型植物群落的植物养分与土壤养分关系，分析各样地的细根碳氮含量垂直分布特征，并研究其变化与土壤养分含量和枝条养分含量的关系，探究不同整地措施下各植物群落的养分流动规律。

第一节　土壤剖面中根系碳氮含量的垂直分布

一、不同整地措施下根系碳氮含量的垂直分布差异

在不同整地措施下的油松林中，细根全氮含量和碳氮比在 0～160 cm 各土层深度上均有显著差异，而细根有机碳含量间差异不显著（见表 4-1，$P<0.05$；因 80～160 cm 土层细根过少，故合并测定，表 4-2～表 4-4 原因相同）。且随着土层加深，细根全氮含量显著降低而细根有机碳含量和碳氮比则无显著变化。细根养分浓度与土壤养分密切相关，表层土壤是供给植物根系生长所需养分的主要土层。其中，反坡台细根全氮含量在 20～80 cm 土层显著高于鱼鳞坑和水平阶，鱼鳞坑细根碳氮比在 0～160 cm（除 60～80 cm 外）土层显著高于其他两种整地措施。类似规律也出现在三种整地措施的土壤总氮含量中，在 0～160 cm 土层，土壤全氮含量随土层加深而显著降低，且三种整地措施土壤全氮含量间差异显著：反坡台>水平阶>鱼鳞坑，说明了植物细根全氮和土壤全氮间密切相关，植物-土壤间氮循环相对较强，且与植物细根密度类似，植物细根全氮累积可促进土壤全氮含量提升。

表 4-1　不同整地措施下的油松细根养分含量垂直分布

植物群落	整地措施	土层深度/cm	细根全氮 RTN/%	细根有机碳 ROC/%	细根碳氮比 C/N
油松	鱼鳞坑	0~20	0.41±0.03	44.90±3.59	112.05[a]±8.96
		20~40	0.32[b]±0.03	44.25±3.98	139.05[a]±12.51
		40~60	0.29[c]±0.02	43.64±3.49	150.17[a]±12.01
		60~80	0.32[b]±0.03	43.07±3.88	138.89±12.50
		80~160	0.35±0.03	42.48±3.40	122.71[a]±9.82
	水平阶	0~20	0.54±0.05	42.91±3.86	79.08[ab]±7.12
		20~40	0.35[b]±0.03	41.76±3.34	118.91[ab]±9.51
		40~60	0.36[b]±0.03	41.18±3.71	115.03[b]±10.35
		60~80	0.36[ab]±0.03	43.79±3.50	122.06±9.76
		80~160	0.45±0.04	41.60±3.74	94.07[b]±8.47
	反坡台	0~20	0.59±0.05	41.11±3.29	70.90[b]±5.67
		20~40	0.50[a]±0.05	43.18±3.89	86.69[b]±7.81
		40~60	0.46[a]±0.04	41.74±3.34	90.35[b]±7.23
		60~80	0.42[a]±0.04	42.44±3.82	102.26±9.20
		80~160	0.45±0.04	41.77±3.34	93.79[b]±7.52

注：不同小写字母表示不同整地措施同一土层深度间差异显著（$P<0.05$），而未标字母表明不显著（$P=0.05$），且均使用 Tukey’s HSD 检验进行多重比较。

二、不同植物群落根系碳氮含量的垂直分布差异

如表 4-2 所示，不同植物群落细根养分含量间差异显著（$P<0.05$）。总体而言，随着土壤深度的增加，乔木细根总氮含量显著降低，灌木和草本植物总氮含量显著增加，细根有机碳含量和碳氮比则无显著差异（$P<0.05$）。在 0~160 cm 土层，各植被类型细根全氮含量由大到小排序为灌木>草本植物>乔木（$P<0.05$），而乔木细根有机碳含量和碳氮比显著高于灌木和草本植物（$P<0.05$），但三种乔木群落（油松、侧柏和山杏）细根总氮含量、有机碳含量和碳氮比间均无显著差异。该结果与之前的研究发现一致，生命周期较短的速生落叶树种比生命周期较长且生长缓慢的常绿树种的氮浓度更高，且由于灌木和草本植物（柠条、紫花苜蓿、荒草）均为固氮型植物，可比非固氮植物获取更多的氮资源。

表 4-2　各植物群落的细根养分含量垂直分布

植被类型	植物群落	土层深度/cm	细根全氮 RTN/%	细根有机碳 ROC/%	细根碳氮比 C/N
乔木	油松 PT	0~20	$0.54^{cd}\pm0.04$	$42.91^{a}\pm3.43$	$78.92^{a}\pm6.31$
		20~40	$0.35^{c}\pm0.03$	$41.76^{ab}\pm3.76$	$117.86^{a}\pm10.61$
		40~60	$0.36^{c}\pm0.03$	$41.18^{ab}\pm3.29$	$113.91^{a}\pm9.11$
		60~80	$0.36^{c}\pm0.03$	43.79 ± 3.94	$121.85^{a}\pm10.97$
		80~160	$0.45^{c}\pm0.04$	$41.60^{a}\pm3.33$	$93.00^{a}\pm7.44$
	侧柏 PO	0~20	$0.51^{d}\pm0.05$	$41.54^{ab}\pm3.74$	$80.95^{a}\pm7.29$
		20~40	$0.32^{c}\pm0.03$	$44.03^{a}\pm3.52$	$136.37^{a}\pm10.91$
		40~60	$0.35^{c}\pm0.03$	$42.19^{ab}\pm3.80$	$121.19^{a}\pm10.91$
		60~80	$0.36^{c}\pm0.03$	38.62 ± 3.09	$106.10^{a}\pm8.49$
		80~160	$0.40^{c}\pm0.04$	$38.28^{ab}\pm3.45$	$95.62^{a}\pm8.61$
	山杏 AS	0~20	$0.62^{cd}\pm0.05$	$42.23^{ab}\pm3.38$	$67.78^{a}\pm5.42$
		20~40	$0.52^{c}\pm0.05$	$42.32^{ab}\pm3.81$	$82.08^{b}\pm7.39$
		40~60	$0.50^{c}\pm0.04$	$45.81^{a}\pm3.66$	$91.52^{a}\pm7.32$
		60~80	$0.52^{c}\pm0.05$	43.32 ± 3.9	$83.21^{a}\pm7.49$
		80~160	$0.50^{c}\pm0.04$	$45.67^{a}\pm3.65$	$92.22^{a}\pm7.38$
灌木	柠条 CK	0~20	$1.66^{a}\pm0.15$	$37.21^{bc}\pm3.35$	$22.47^{b}\pm2.02$
		20~40	$2.21^{a}\pm0.18$	$39.31^{abc}\pm3.14$	$17.75^{c}\pm1.42$
		40~60	$2.25^{a}\pm0.20$	$37.71^{ab}\pm3.39$	$16.78^{b}\pm1.51$
		60~80	$2.22^{a}\pm0.18$	32.64 ± 2.61	$14.71^{b}\pm1.18$
		80~160	$2.49^{a}\pm0.22$	$40.67^{a}\pm3.66$	$16.34^{b}\pm1.47$
草本植物	紫花苜蓿 MS	0~20	$1.37^{ab}\pm0.11$	$32.84^{cd}\pm2.63$	$24.01^{b}\pm1.92$
		20~40	$1.45^{b}\pm0.13$	$32.69^{c}\pm2.94$	$22.48^{c}\pm2.02$
		40~60	$1.40^{b}\pm0.11$	$33.34^{b}\pm2.67$	$23.82^{b}\pm1.91$
		60~80	$1.29^{b}\pm0.12$	33.34 ± 3.31	$25.91^{b}\pm2.33$
		80~160	$0.54^{cd}\pm0.04$	$42.91^{a}\pm3.43$	$78.92^{a}\pm6.31$
	荒草 GR	0~20	$0.35^{c}\pm0.03$	$41.76^{ab}\pm3.76$	$117.86^{a}\pm10.61$
		20~40	$0.36^{c}\pm0.03$	$41.18^{ab}\pm3.29$	$113.91^{a}\pm9.11$
		40~60	$0.36^{c}\pm0.03$	43.79 ± 3.94	$121.85^{a}\pm10.97$
		60~80	$0.45^{c}\pm0.04$	$41.60^{a}\pm3.33$	$93.00^{a}\pm7.44$
		80~160	$0.51^{d}\pm0.05$	$41.54^{ab}\pm3.74$	$80.95^{a}\pm7.29$

注：不同小写字母表示不同植物群落同一土层深度间差异显著（$P<0.05$），而未标字母表明不显著（$P=0.05$），且均使用 Tukey's HSD 检验进行多重比较。

三、坡向和降水量对植物根系碳氮含量的影响

由 t 检验结果可知，坡向对于植物细根养分含量的影响很小，不同坡向细根养分含量间基本无显著差异（见表 4-3，$P<0.05$），而不同降水量下植物细根养分含量则差异显著（见表 4-4，$P<0.05$）。在上层土壤（0~40 cm）中，安家坡流域侧柏和山杏的细根全氮含量较高；而龙滩流域侧柏细根有机碳含量在 0~60 cm 土层显著高于安家坡流域，同时龙滩流域侧柏和山杏细根碳氮比在 0~40 cm 土层也均显著高于安家坡流域。由此可以看出，降水量提升可能会促进上层土壤细根氮的吸收，而较干旱区域的植物会分配更多光合作用产物至上层土壤的细根。

表 4-3　不同坡向各植物群落的细根养分含量垂直分布

植物群落	坡向	土层深度/cm	细根全氮 RTN/%	细根有机碳 ROC/%	细根碳氮比 C/N
柠条	阴坡	0~20	1.66±0.13	37.21±2.98	23.66±1.89
		20~40	2.21±0.21	39.31±3.54	17.76±1.62
		40~60	2.25±0.18	37.71±3.02	17.16±1.37
		60~80	2.22±0.20	32.64±2.94	14.43±1.30
		80~160	2.49** ±0.22	40.67±3.25	16.36±1.31
	阳坡	0~20	1.73±0.16	36.44±3.28	22.3±2.01
		20~40	2.32±0.19	41.08±3.29	17.89±1.43
		40~60	2.29±0.21	39.59±3.56	17.34±1.56
		60~80	2.21±0.18	38.93±3.11	18.01±1.44
		80~160	2.18±0.20	42.03±3.78	19.25* ±1.73
山杏	阴坡	0~20	0.87±0.07	43.36±3.47	50.21±4.02
		20~40	0.67±0.06	42.24±3.80	63.2±5.69
		40~60	0.60±0.05	45.70±3.66	79.53±6.36
		60~80	0.54±0.05	43.26* ±3.89	79.73* ±7.18
		80~160	0.62±0.05	43.71±3.51	73.25±5.86
山杏	阳坡	0~20	1.66±0.13	37.21±2.98	23.66±1.89
		20~40	2.21±0.22	39.31±3.54	17.76±1.61
		40~60	2.25±0.18	37.71±3.02	17.16±1.37
		60~80	2.22±0.21	32.64±2.94	14.43±1.32
		80~160	2.49** ±0.23	40.67±3.25	16.36±1.31

注：* 和 ** 分别表示不同坡向同一土层间差异显著，显著水平分别为 $P<0.05$ 和 $P<0.01$，且均使用 Tukey's HSD 检验进行多重比较。

表 4-4　不同降水量下各植物群落的细根养分含量垂直分布

植物群落	流域	土层深度/cm	细根全氮 RTN/%	细根有机碳 ROC/%	细根碳氮比 C/N
侧柏	安家坡	0~20	0.65±0.05	36.62±2.93	57.26±4.58
		20~40	0.56* ±0.05	35.54±3.21	64.80±5.83
		40~60	0.50±0.04	34.47±2.76	72.42±5.79
		60~80	0.45±0.04	36.03±3.24	85.04±7.65
		80~160	0.60±0.05	35.97±2.88	63.97±5.12
	龙滩	0~20	0.51±0.05	41.54* ±3.74	81.69* ±7.35
		20~40	0.32±0.03	44.03** ±3.52	136.45** ±10.92
		40~60	0.35±0.03	42.19* ±3.81	131.68±11.85
		60~80	0.36±0.03	38.62±3.09	113.23±9.06
		80~160	0.40±0.04	38.28±3.45	106.26±9.56
山杏	安家坡	0~20	0.87** ±0.07	43.36±3.47	50.21±4.02
		20~40	0.67±0.06	42.24±3.81	63.20±5.69
		40~60	0.60±0.05	45.70±3.66	79.53±6.36
		60~80	0.54±0.05	43.26±3.89	79.73±7.18
		80~160	0.62±0.05	43.71±3.50	73.25±5.86
	龙滩	0~20	0.62±0.06	42.23±3.80	68.47* ±6.16
		20~40	0.52±0.04	42.32±3.39	82.19* ±6.58
		40~60	0.50±0.05	45.81±4.12	93.30±8.41
		60~80	0.52±0.04	43.32±3.47	84.46±6.76
		80~160	0.50±0.05	45.67±4.11	96.66±8.73

注：* 和 * * 分别表示不同流域同一土层间差异显著，显著水平分别为 $P<0.05$ 和 $P<0.01$，且均使用 Tukey's HSD 检验进行多重比较。

第二节　不同植物群落的枝条碳氮含量差异

不同植物群落枝条养分含量（全氮、有机碳、碳氮比）间均有显著差异（见表 4-5，$P<0.05$）。灌木和草本植物枝条全氮含量显著高于乔木，灌木枝条有机碳含量在三种植被类型中最高，而乔木枝条碳氮比则显著高于其他两种植被类型（$P<0.05$）。两种草本植物样地（紫花苜蓿和荒草）枝条养分含量间均无显著差异，三种乔木群落枝条全氮和有

机碳含量间也无显著差异，而侧柏和油松枝条碳氮比则高于山杏（$P<0.05$），说明固氮型植物对氮资源较高的利用率也会影响枝条氮含量。

表 4-5　不同植物群落的枝条养分含量差异

植被类型	植物群落	枝条全氮 BTN/%	枝条有机碳 BOC/%	枝条碳氮比 C/N
乔木	油松 PT	$0.44^{b}\pm0.04$	$42.86^{ab}\pm3.43$	$96.49^{ab}\pm7.72$
	侧柏 PO	$0.41^{b}\pm0.04$	$44.47^{ab}\pm4.12$	$108.80^{a}\pm9.79$
	山杏 AS	$0.52^{b}\pm0.05$	$44.43^{ab}\pm3.55$	$84.93^{b}\pm6.79$
灌木	柠条 CK	$1.89^{a}\pm0.17$	$46.78^{a}\pm4.21$	$24.78^{c}\pm2.23$
草本植物	紫花苜蓿 MS	$1.97^{a}\pm0.16$	$41.27^{b}\pm3.30$	$20.90^{c}\pm1.67$
	荒草 GR	$1.86^{a}\pm0.17$	$44.24^{ab}\pm3.98$	$23.82^{c}\pm2.14$

注：不同小写字母表示不同植物群落间差异显著（$P<0.05$），且均使用 Tukey's HSD 检验进行多重比较。

第三节　土壤碳氮和植物养分间的互作关系

植物和土壤间的碳、氮循环存在于根系和土壤的交界面，碳氮元素从根系中的流失和从土壤中的提取作用同时进行。根系不仅可以释放大量的无机碳，这些无机碳会直接影响土壤的生物化学性质，还可以释放有机碳（根沉积），使土壤的物理、生物和化学性质发生显著变化。所以，由于木本植物的细根密度相对较高，其土壤有机碳含量更高（见表 4-6，$P<0.05$）。此外，木本植物一级根系（细根）的氮含量和比根长（单位根质量下根长）也会随根系密度提高而增加，在资源有效性改变或受干扰的条件下，植物根系通常会迅速而有效地分化生产这类根系以获取资源。而一级根系中的高氮含量意味着其新陈代谢速率很高，从而导致呼吸速率也随之增高，同时，也会进行一系列高能耗生命活动，比如根系伸长、养分提取、质子释放和活性炭分泌等。

如表 4-6 所示，在不同植物群落中，植物养分含量与土壤养分和水分间存在显著相关关系。细根、枝条全氮含量与土壤养分（除土壤全磷外）和水分间均呈显著负相关（$P<0.01$），而细根有机碳含量、碳氮比和枝条碳氮比与土壤水分间（$P<0.01$）以及细根、枝条碳氮比与土壤碳氮比间（$P<0.05$）均呈显著正相关。此外，土壤养分（土壤全氮、全磷、有机碳和碳氮比）和水分间呈显著正相关（$P<0.05$）。氮元素是植物生长发育的重要营养元素，植物根系分解产生的氮素可影响植物对土壤氮素的利用，进而影响生态系统的生产力，研究表明灌草植物可提高受侵蚀坡地的土壤有机碳及氮储量，植物枯落物输入也可显著提高土壤有机碳和全氮含量。

表 4-6 不同植物群落中植物养分含量与土壤养分、水分间的相关关系

因子		土壤养分和水分					细根养分含量			枝条养分含量		
		SM	STN	STP	SOC	SCN	RTN	ROC	RCN	BTN	BOC	BCN
土壤养分和水分	SM	1										
	STN	0.36*	1									
	STP	0.34*	0.51**	1								
	SOC	0.36*	0.94**	0.43**	1							
	SCN	0.35*	0.78**	0.33*	0.93**	1						
细根养分含量	RTN	−0.79**	−0.36*	−0.23	−0.44**	−0.55**	1					
	ROC	0.46**	0.07	0.35*	0.15	0.24	−0.50**	1				
	RCN	0.69**	0.09	−0.03	0.21	0.35*	−0.86**	0.60**	1			
枝条养分含量	BTN	−0.80**	−0.38*	−0.29	−0.47**	−0.57**	0.95**	−0.55**	−0.80**	1		
	BOC	−0.26	−0.25	−0.19	−0.33*	−0.33	0.34*	−0.45**	−0.37*	0.30	1	
	BCN	0.72**	0.29	0.12	0.39*	0.49**	−0.84**	0.41*	0.72**	−0.90**	−0.08	1

注：* 和 ** 分别表示显著性为 $P<0.05$ 和 $P<0.01$。各因子缩写含义如下：SM—土壤水分；STN—全氮；STP—全磷；SOC—土壤有机碳；SCN—土壤碳氮比；RTN—细根全氮；ROC—细根有机碳；RCN—细根碳氮比；BTN—枝条全氮；BOC—枝条有机碳；BCN—枝条碳氮比。

植物细根养分含量和枝条养分间也存在显著相关关系。细根全氮含量与枝条全氮含量（$P<0.01$）和枝条有机碳含量（$P<0.05$）间均呈显著正相关关系，而与枝条碳氮比呈显著负相关（$P<0.05$）；细根有机碳含量与枝条碳氮比呈显著正相关（$P<0.01$），而与枝条全氮含量和枝条有机碳含量间均呈显著负相关关系（$P<0.01$）；细根碳氮比与枝条全氮含量（$P<0.01$）、枝条有机碳含量（$P<0.05$）和枝条碳氮比（$P<0.01$）均呈显著负相关关系。与其他植物器官相比，根系的养分含量与土壤养分联系更密切，因为植物根系与土壤直接进行养分交换。而枝条养分含量与细根养分含量的相关系数高于与土壤养分的相关系数（见表 4-6），说明细根养分含量可更直接且强烈地影响枝条的养分积累。另外，固氮植物可比普通物种获取更多氮资源，所以豆科植物群落（柠条、紫花苜蓿和荒草）的细根全氮密度及枝条全氮含量显著高于三种乔木群落（油松、侧柏和山杏）。

第四节 小 结

（1）不同整地措施下，不同植物群落之间细根养分含量差异显著，随着土层加深，乔木细根总氮含量显著降低，灌木和草本植物细根全氮含量显著增加，细根有机碳含量和碳氮比则无显著差异。同时，坡向对植物养分含量无显著影响，而降水量上升可能对浅层土壤细根氮累积有促进作用但抑制细根有机碳累积。

（2）在 0~160 cm 土层，各植被类型细根总氮含量由大到小排序为灌木>草本>乔木，而乔木细根有机碳含量和碳氮比显著高于灌木和草本植物，但三种乔木群落（油松、侧柏和山杏)养分含量间均无显著差异($P<0.05$)。

(3)植物养分含量与土壤养分间紧密耦合,且植物全氮含量与土壤养分间呈显著负相关关系。其中,细根养分含量与土壤养分关系更为密切,并直接影响枝条养分含量,且豆科植物(如紫花苜蓿)因固氮作用而体内氮含量更高。

第五章　植物根系与地上覆被的水土保持效应

除对土壤性质的改良作用外，植物根系协同地上部分的减流减蚀作用也十分显著，植物地上部分覆盖可拦截雨滴，减弱其动能，从而减少降雨冲蚀，而植物根系对土壤的连接固定作用及其对土壤抗侵蚀力的提升可进一步防治水土流失。研究表明，水土流失在陆地生态系统中普遍存在，不仅在农地、林地及牧草地等人为生态系统中出现，同样也出现在自然生态系统中。由于土壤侵蚀的作用，地表径流增加，土壤持水能力降低，进而使得土壤养分流失以及土壤生物不明确转移，导致土地生产力严重下降，因此植物的水土保持作用更显得至关重要。

在我国黄土高原地区，由于当地典型的干旱半干旱气候，更易受全球气候变暖的影响，水分匮乏问题日益严重，同时，该地区春、冬两季寒冷干燥且多风沙，而夏、秋两季气候干燥且极端降雨事件多发，这种气候特点使得水土保持难度极大，土壤侵蚀现象严重。此外，黄土高原土层深厚但土质疏松，土壤孔隙以大孔隙为主，且由于其土壤颗粒分布特点，土壤的下渗性也很强。黄土土质松软且颗粒细小，在长期水蚀、风蚀作用下地表分割破碎严重。而除气候因素和土质因素外，历史因素、植被因素和人为因素等也是当地生态问题产生的原因。当地长期对资源的不合理开发和利用，破坏了黄土高原的原有植被，使得生态环境恶化，为当地的生态问题埋下了隐患。因此，大量研究关注于改善黄土高原的生态恢复和水土保持问题。

与其他水土保持方法相比，植被恢复是最直接的自然治理方法且效果显著，植物生长和群落演替可提高当地环境质量，同时植被覆盖对于防治土壤侵蚀和土地退化也有显著作用。在降雨事件中，植被覆盖可作为物理屏障，防止雨滴直接击溅地表从而减弱降雨冲蚀，并阻碍地表沉积物的运移。相关学者研究表明，裸地的径流量显著高于荒草地和灌木林地，裸地的入渗率也明显低于草地，其裸地前期和后期的入渗率差异也远大于草地。植物减弱坡面水力学侵蚀的机制主要体现为植物改变了坡面原有的土壤环境，植物的地上部分对雨滴起到消能截留作用，同时植物根系也会增加地表粗糙度和抗剪能力。尽管已有大量研究关注植物在水土流失过程中的作用，但对于植物不同部位如地上部分、地下根系等对于土壤侵蚀的影响差异的研究却相对较少。而由于黄土高原地区降雨稀少，因此进行野外直接收集会缺乏足够的试验数据。通过模拟降雨实验，可直接对比不同植物群落对水沙的影响机制，获取大量数据并进行具体分析，研究各条件下的水土保持效应差异。因此，本书通过对比不同植物群落的次降雨事件后的产流产沙过程，分析不同植物群落根系和地上部分对水土流失的影响。

第一节　实验方法

一、研究区及研究方法介绍

研究区位于我国黄土高原西部、甘肃省定西市水土保持研究所内(35°35′N, 104°39′E),地处典型的半干旱气候区,年平均降水量为 421 mm 左右,且降雨事件集中于夏季并多以大雨和暴雨形式出现,夏季总降雨量可达全年的 60%～80%,这种气候会加剧当地本就严重的土壤侵蚀并造成环境退化。此外,该地区的土壤深度为 40～60 m,部分区域更深达 100 m 以上。受半干旱气候和土壤母质等成土因素的影响,该地区的土壤发育过程十分漫长,且土质主要为黄绵土,其特点为黏粒含量较高,为 33%～42%,且土壤密度在 1.09～1.36 g/cm^3。

二、模拟降雨小区简介及设置

如图 5-1 所示,模拟降雨径流小区于 2013 年修建完成,本书中共使用侧柏(*Platycladus orientalis*)、冰草(*Agropyron cristatum*)、紫花苜蓿(*Medicago sativa*)和裸地(作为对照)4 块不同植物群落的小区进行模拟降雨实验(除裸地外,地表覆盖度均为 100%)。此外,各小区的规格和面积均统一,长、宽、高分别为 2.0 m、1.8 m、0.4 m,且坡度统一为 17°,径流小区的建设材料均为水泥,以防止小区漏水并消除实验误差,四周厚度统一为 25 cm。

图 5-1　径流模拟小区与实验图片

本书使用的模拟降雨系统为 Norton 模拟降雨系统。该模拟降雨系统使用喷嘴振荡出水,从而在坡面上模拟土壤侵蚀过程,其出水喷嘴距地高度为 2.2 m,用以保证降雨的自然性和均匀性,使得雨滴分布良好,并有充足的动能。在进行降雨实验时,提前准备一个可调节铁架,以支撑降雨系统,其高度为 3 m,确保满足模拟降雨系统的降雨要求。模拟降雨系统的出水喷嘴位于其顶部,高度为 2.2 m,使用橡胶软管将每个出水口与移动水泵相连,进行实验时通过调节水泵水压和喷嘴转动频率来控制降雨强度。例如,在恒定水压下，使喷头转动频率在 23 次/min 和 48 次/min 之间切换，可将模拟降雨强度调节为 15.88～33.70 mm/h。此外，该模拟降雨系统一般不可在高水压下操作，其操作水压以 267.096 kPa/cm^2 为宜。

每次模拟降雨实验时，应保持其降雨强度全程不变，同时调整模拟降雨系统的降雨面积与径流小区的面积相一致。经调试监测，进行降雨实验时的雨滴均匀度均高于 80%，其具体计算公式如下：

$$k = 1 - \sum_{i=1}^{n} \frac{|x_i - \bar{x}|}{n\bar{x}} \tag{5-1}$$

式中：k 为降雨均匀度；x_i 为测定的降雨量；$\bar{x}$ 为平均降雨量；n 为降雨实验的测定次数。

在本书中，k 值均高于 80%，反映了在模拟降雨实验过程中降雨十分均匀且稳定。

在本书中，应用 3 种不同大小的雨强 15 mm/h、30 mm/h 及 60 mm/h，分别用以模拟当地降雨事件中的小、中、大雨强，且之前的研究表明，在该地区降雨事件中，研究所选雨强可产生水土流失。同时参照中国气象局的数据，各雨强的重现期分别为 2 年、15 年和 80 年。模拟降雨实验在 2019 年 6—8 月期间进行（每个小区每个雨强各 3 个重复），均选择晴朗无风天气，且为保持径流小区土壤前期含水量相似或一致，降雨实验每次重复间会相隔 2～3 d。实验分 3 种地上部分高度进行测定，在全株植物的径流小区进行 3 种雨强的模拟实验后，使用枝剪和镰刀去除 50% 的地上部分，对半株植物的径流小区再进行实验，最后完全去除所有地上部分，小区土壤内只保留植物根系进行实验。

三、样品收集及处理办法

在每次进行模拟降雨实验前，采用便携式土壤水分速测仪（TDR-Uni 1000）测定并记录径流小区的土壤前期含水量，保证其相似或一致，减弱其对实验中产流产沙的影响。该土壤水分速测仪可对实时连续的土壤水分进行测定，测定范围广（0～100%），误差小（2%左右），且其储存容量为 1 MB，可储存 28 000 组数据。仪器配置 FDS100 土壤传感器，应用 FDR 原理，其探头为三针式，且探针长度为 6 cm，也可对测定日期和时间、水分含量、实验编号等数据进行记录。本书实验测定前期含水量的具体操作为：在模拟降雨实验开始前，采用水分速测仪在该小区的上、中、下不同坡位各测 3 个点，最后通过平均 3 个点的值来确定该小区的前期含水量值。

在实验过程中，各相关指标测定方法如下：产流时间是从出水口水流呈水柱流下开始记录，当开始产流后，按开始后 1 min、3 min、5 min 及之后每 5 min 均测定该时间点的径流量、侵蚀量和泥沙浓度，模拟降雨实验从开始产流后监测 1 h 停止降雨，用于对比不同模拟降雨条件下的产流产沙过程的差异，并记录停止降雨实验到出水口水流断流的时间，作为衰退时间。在实验过程中，将各小区产生的径流均收集到烧杯中，后转移至实验室中，在 105 ℃烘干后测定其侵蚀量。

在模拟降雨实验完成后，在每个小区按“品”字形采样取 3 个表层 20 cm 土壤样品，同时在 3 种无植物地上部分小区中另取 3 个 20 cm×20 cm×20 cm 的含有植物根系的土壤样品，各样品均装至塑封袋中运至实验室进行土壤性质和根系指标的测定。

土壤样品在理化分析之前均经过风干处理，并移除其中的碎石块及细小植物组织，后分别过 2 mm 筛和 0.25 mm 筛用于土壤物理性质(粒径分布)和土壤化学性质(土壤有机碳、总氮、全磷)的测定。土壤有机碳、土壤总氮和土壤全磷分别使用 500 ℃干烧法、凯氏定氮法测定和氢氧化钠熔融-钼锑抗比色法进行测定。

土壤粒径分布使用激光粒度分析仪分析法(Malvern 2000; Malvern Instruments, Malvern, England)进行测定,具体方法如下:首先,对土样进行预处理,称取 1.5 g 过筛后土壤样品放入 100 mL 烧杯,加入 6% 过氧化氢及盐酸(浓盐酸:超纯水为1:2)去除其中的有机质、碳酸盐和氧化物。然后,在蒸馏水中浸湿 24 h,去除上清液后,加入 0.4%六偏磷酸钠(与超纯水比例为 30.5 g:1 L 进行配制)后振荡 10 min,最后上机测试。

所有根系样品过 0.8 mm 筛,分离土壤与植物根系再使用流水清洗后,使用 winRHIZO (Regent Instruments Inc., Canada)分析根系样品的形态学指标(根长密度、根体积密度和根表面积密度),最后将扫描分析后的根系样品装至牛皮纸信封中,在 65 ℃烘干至恒重后称取质量,从而得到不同小区的根系生物量密度。

四、数据分析处理方法

模拟降雨实验的降雨数据及相应的土壤侵蚀数据首先使用Kolmogorov-Smirnov 检验和 Levene's 检验进行测定($P>0.05$),检验其正态性和同质性。然后使用单因素方差分析、多重比较(Tukey's HSD 检验)、Pearson 相关性分析及 CCA 分析,分析各小区间差异和各因子间关系。CCA 分析两组自变量如下:一组为前期含水量、土壤粒径分布(砂粒、粉粒、黏粒含量)、粒径分布分形维数、土壤全氮及有机碳含量;另一组为根系参数,如根生物量密度、根长密度、根表面积密度及根体积密度,分析其对径流和侵蚀的影响。

第二节　植物群落在不同雨强下的产流产沙响应

一、不同雨强与径流侵蚀因子间的关系

如表 5-1 所示,在本书中进行的模拟降雨 3 种雨强的平均降雨强度:大雨强为 57.1 mm/h,中雨强为 28.6 mm/h,小雨强为 14.5 mm/h。在 3 种不同降雨强度下的模拟降雨实验中,大雨强下各径流小区平均产流时间最短,为 2.21 min,而中雨强和小雨强下平均产流时间分别为 5.12 min 和 17.45 min,且大雨强下总径流量、径流深度、侵蚀量和侵蚀模数分别为 105.93 L、2.94 mm、377.73 g 和 109.72 t/km^2,均高于中雨强和小雨强各对应指标总和。各雨强间存在差异是因为不同降雨强度的降雨过程和雨滴性质也各不相同(如雨滴直径、下落速度和动能)。在模拟降雨初期,地表含水量较低,因此降雨在地表土壤会逐渐渗入,之后当降雨填满土壤孔隙或降雨速度大于土壤入渗速度时,地表土壤水分饱和,便会产生径流。因此,高雨强的产流时间更短,且雨滴动能更大,更易引起地表土壤的雨水溅蚀和土壤颗粒的剥离运移,产生水土流失。与中、小雨强相比,径流小区在高雨强下径流和侵蚀参数响应更为敏感。

表 5-1　不同雨强下径流侵蚀因子差异

降雨产流因子	雨强/(mm/h)	产流时间/s	径流量/L	径流深度/mm	侵蚀量/g	侵蚀模数/(t/km^2)
大雨强(2D)	57.1	132.33	105.93	2.94	377.73	109.72
中雨强(1D)	28.6	307.43	71.48	1.99	124.43	36.14
小雨强(1S)	14.5	1 046.71	32.40	0.90	44.00	12.78

二、不同植物群落对产流产沙过程的影响

在不同雨强下，各小区具体产流产沙过程如图 5-2 和图 5-3 所示。

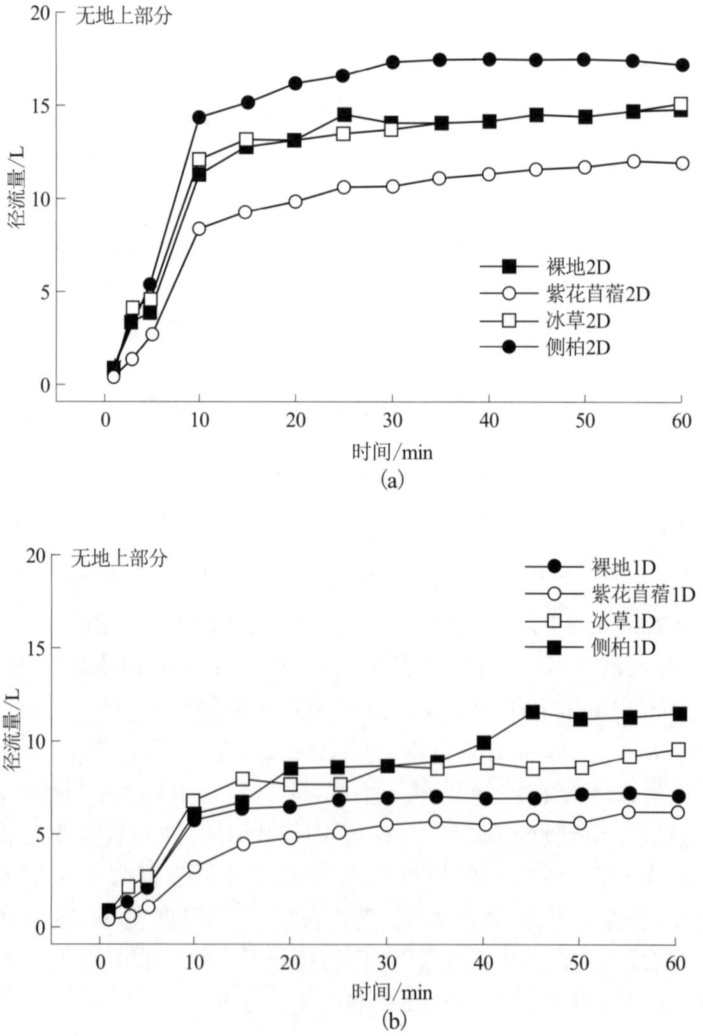

图 5-2　不同植物群落的径流小区模拟降雨过程中径流随时间变化关系

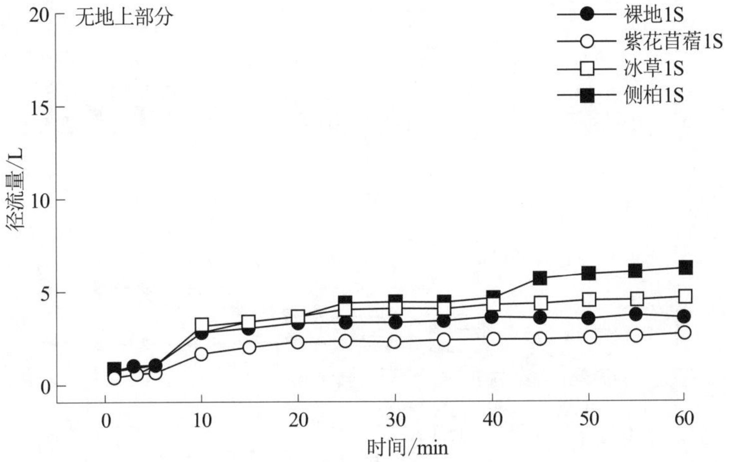
无地上部分
裸地1S
紫花苜蓿1S
冰草1S
侧柏1S
径流量/L
时间/min
0
5
10
15
20
0
10
20
30
40
50
60
(c)

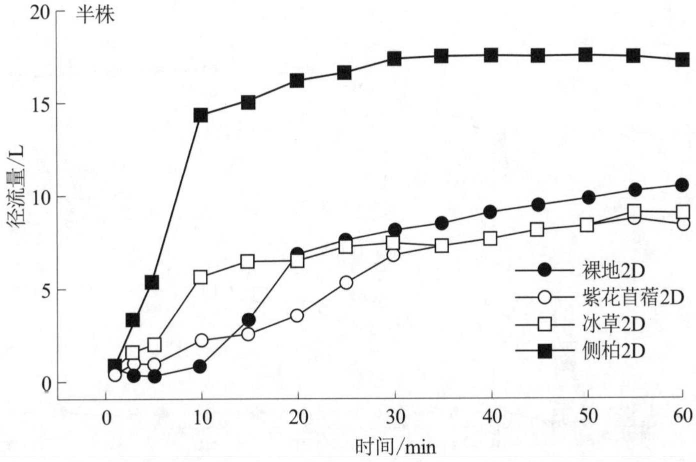
半株
裸地2D
紫花苜蓿2D
冰草2D
侧柏2D
径流量/L
时间/min
0
5
10
15
20
0
10
20
30
40
50
60
(d)

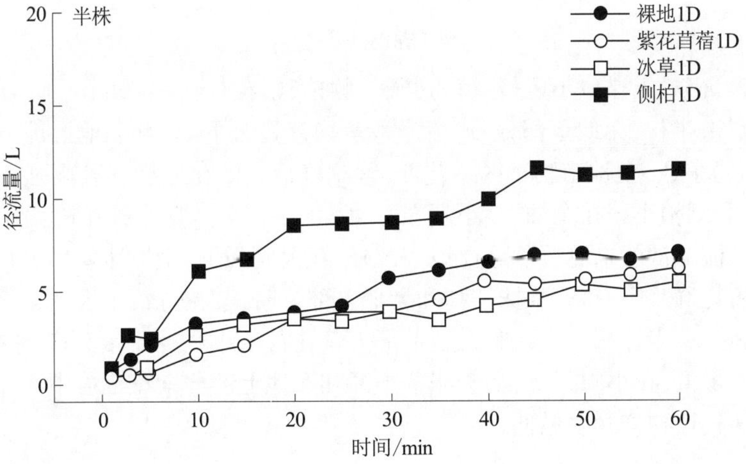
半株
裸地1D
紫花苜蓿1D
冰草1D
侧柏1D
径流量/L
时间/min
0
5
10
15
20
0
10
20
30
40
50
60
(e)

续图 5-2

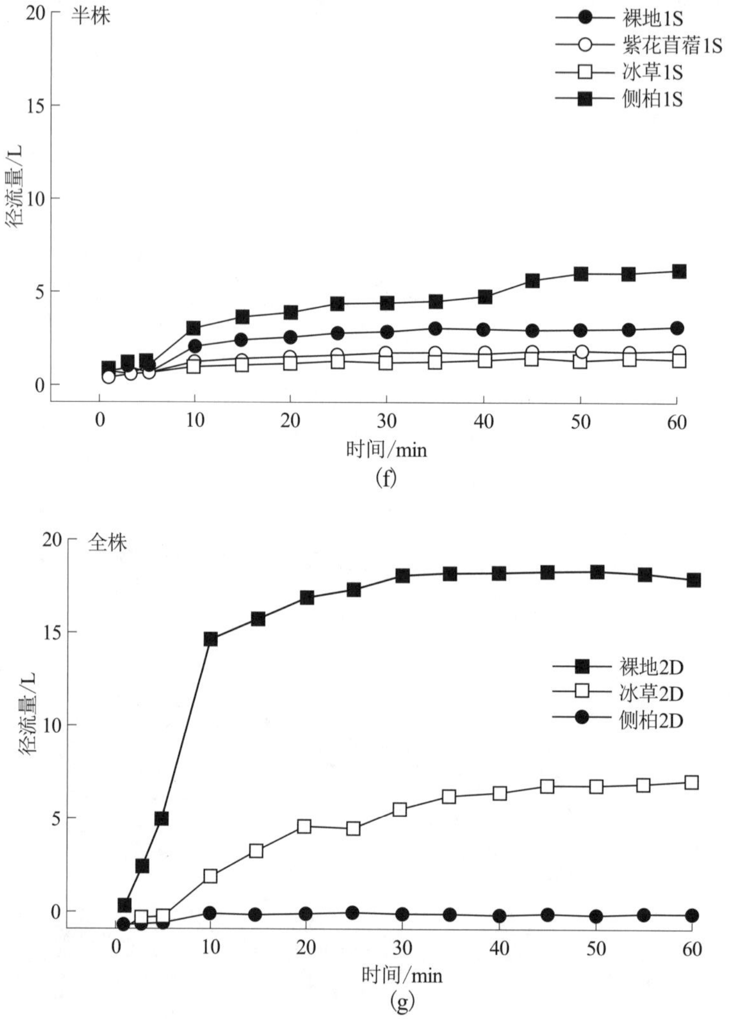

续图 5-2

总体而言，相对于裸地小区，各植物群落（侧柏、紫花苜蓿和冰草）小区在不同地上部分高度下（全株、半株、无地上部分）产流产沙量均有显著下降，且无地上部分小区产流产沙量>半株植物小区>全株植物小区。此外，紫花苜蓿小区在全株 3 种雨强下均无产流产沙，冰草小区和侧柏小区在全株中、小雨强下也无产流产沙（均在开始降雨 1 h 后判定），说明植物的减流减沙效果显著。除裸地小区外，在大雨强下，全株冰草小区径流量和产流速率在 3 种植物群落中最高，半株植物和无地上部分时，紫花苜蓿小区径流量和产流速率最低；在中雨强下，半株冰草小区和无地上部分紫花苜蓿小区径流量和产流速率分别为 3 种植物群落中最低；在小雨强下，半株冰草小区和无地上部分紫花苜蓿小区径流量和产流速率分别为 3 种植物群落中最低。

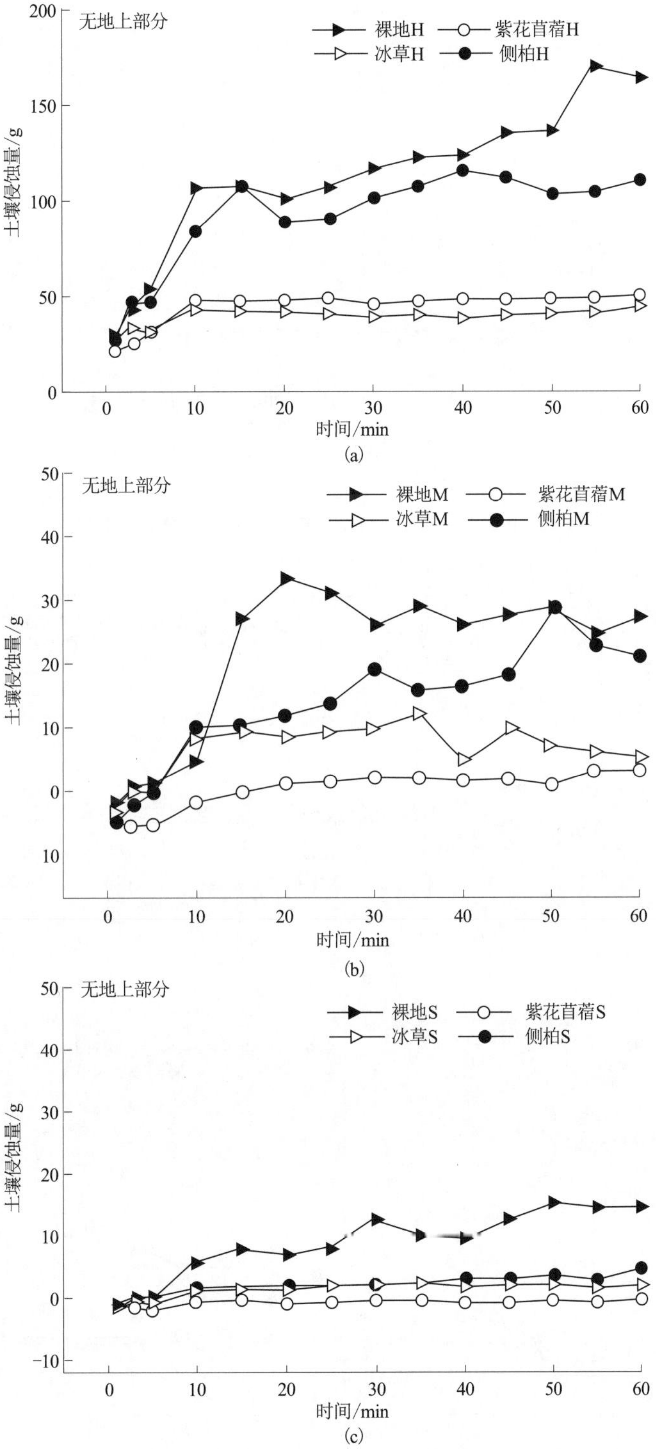

H、M 和 S 分别代表大、中、小雨强。

图 5-3　不同植物群落的径流小区模拟降雨过程中土壤侵蚀随时间变化关系

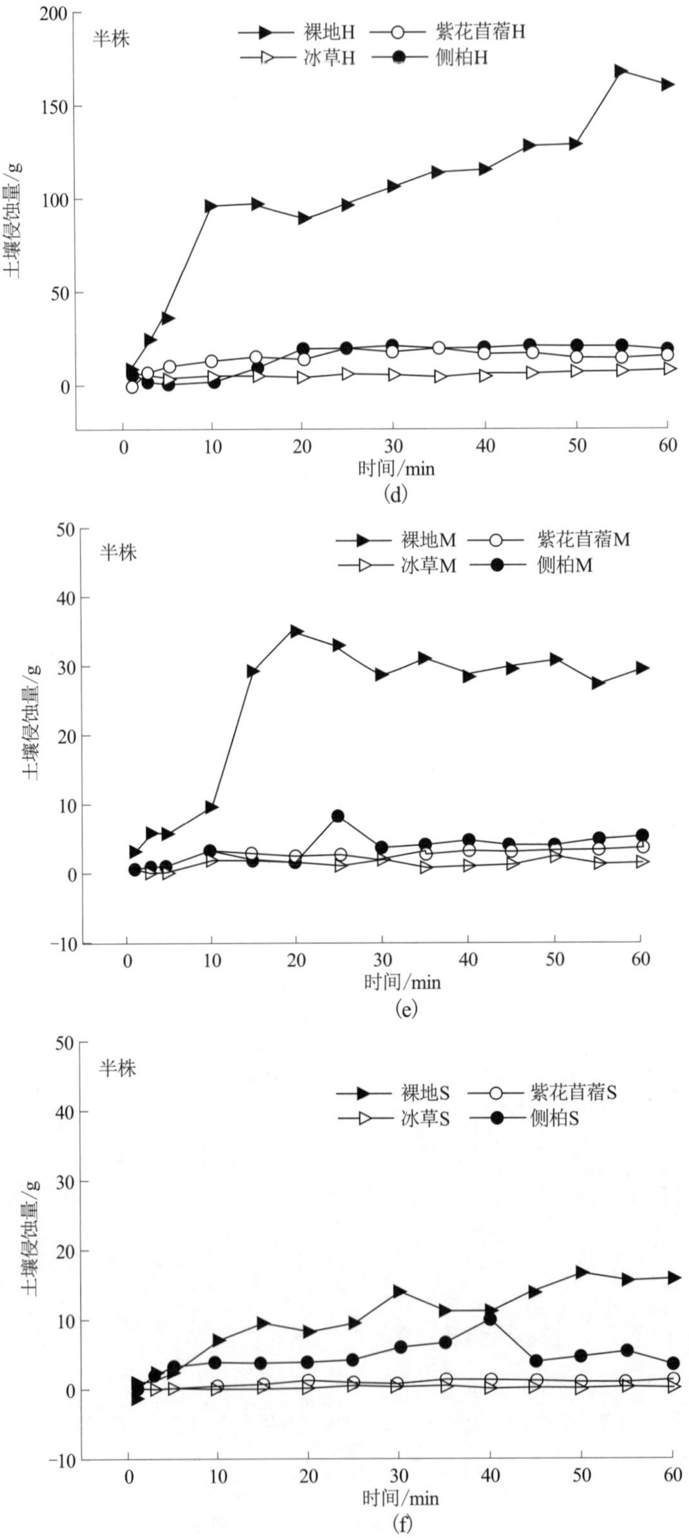
半株
裸地H
紫花苜蓿H
冰草H
侧柏H
土壤侵蚀量/g
时间/min
(d)
半株
裸地M
紫花苜蓿M
冰草M
侧柏M
土壤侵蚀量/g
时间/min
(e)
半株
裸地S
紫花苜蓿S
冰草S
侧柏S
土壤侵蚀量/g
时间/min
(f)

续图 5-3

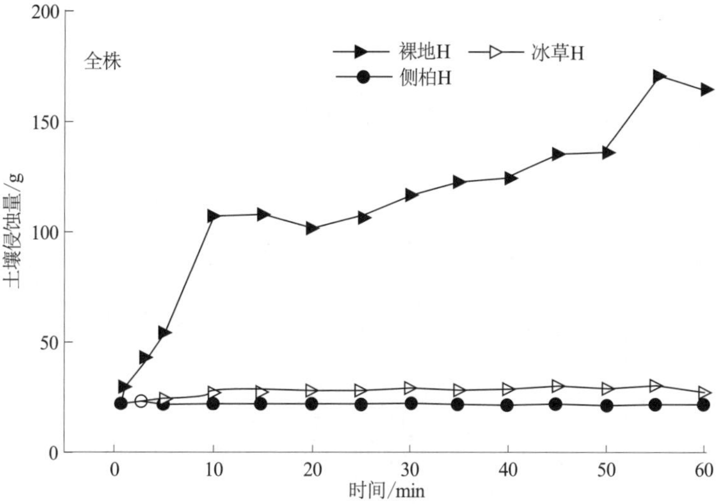

(g)

续图 5-3

土壤侵蚀在不同雨强下各小区间变化显著。除裸地小区外,在大雨强下,全株冰草产沙量和侵蚀速率在 3 种植物群落中最高,而半株和无地上部分冰草小区产沙量和侵蚀速率最低;在中雨强下,半株冰草小区和无地上部分紫花苜蓿小区产沙量和侵蚀速率分别为 3 种植物群落中最低;在小雨强下,半株冰草小区和无地上部分紫花苜蓿小区产沙量和侵蚀速率分别为 3 种植物群落中最低。

三、不同植物群落对产流产沙量的影响

不同植物群落和地上部分高度各小区在不同降雨强度下径流和侵蚀参数间差异明显(见表 5-2, $P<0.05$)。在大雨强下,全株紫花苜蓿小区不产流产沙,全株冰草小区径流和侵蚀参数(径流量、径流深度、侵蚀量、侵蚀模数和泥沙浓度)均显著高于侧柏小区;半株侧柏小区和半株冰草小区径流量和径流深度显著高于紫花苜蓿小区,半株侧柏小区和半株紫花苜蓿小区侵蚀量、侵蚀模数和泥沙浓度则显著高于冰草小区;在无地上部分时,裸地小区径流量和径流深度显著高于侧柏小区和冰草小区,紫花苜蓿小区最低,裸地小区侵蚀量和侵蚀模数显著高于侧柏小区,紫花苜蓿和冰草小区最低,裸地和侧柏小区泥沙浓度显著高于紫花苜蓿和冰草小区,且裸地和侧柏小区间、紫花苜蓿和冰草小区间均无显著差异($P<0.05$)。

在中雨强下,半株侧柏小区径流量和径流深度显著高于紫花苜蓿和冰草小区,半株侧柏小区侵蚀量和侵蚀模数显著高于紫花苜蓿小区,冰草小区最低,半株冰草小区泥沙浓度也为最低;在无地上部分时,紫花苜蓿小区径流量和径流深度最低,其他小区间(包括裸地小区)无显著差异,裸地小区侵蚀量和侵蚀模数最高,其次是侧柏小区和冰草小区,最后是紫花苜蓿小区。同样地,裸地小区和侧柏小区的泥沙浓度显著高于紫花苜蓿和冰草小区,且裸地和侧柏小区间、紫花苜蓿和冰草小区间均无显著差异($P<0.05$)。

表 5-2　不同植物群落小区径流侵蚀参数差异

小区	株高	雨强	前期含水量/ %	产流时间/ s	径流量/ L	径流深度/ mm	侵蚀量/ g	侵蚀模数/ (t/km²)	泥沙浓度/ (g/L)
裸地	—	大 H	14.80	100	$193.52^{a}\pm17.42$	$5.38^{a}\pm0.48$	$1\,359.26^{a}\pm122.33$	$394.82^{a}\pm35.53$	$7.02^{a}\pm0.63$
		中 M	11.80	379	$108.55^{a}\pm8.68$	$3.02^{a}\pm0.24$	$325.82^{a}\pm26.07$	$94.64^{a}\pm7.57$	$3.00^{a}\pm0.24$
		小 S	15.80	750	$53.92^{a}\pm4.85$	$1.50^{a}\pm0.14$	$135.98^{a}\pm12.24$	$39.50^{a}\pm3.56$	$2.52^{a}\pm0.23$
紫花苜蓿	半株	大 H	20.70	200	$70.73^{b}\pm5.66$	$1.96^{b}\pm0.16$	$184.87^{a}\pm14.79$	$53.70^{a}\pm4.3$	$2.61^{a}\pm0.21$
		中 M	23.80	595	$48.83^{b}\pm4.39$	$1.36^{b}\pm0.12$	$33.36^{b}\pm3.16$	$9.69^{b}\pm0.87$	$0.68^{a}\pm0.06$
		小 S	22.30	3 660	$18.10^{b}\pm1.45$	$0.50^{b}\pm0.04$	$11.07^{b}\pm0.89$	$3.22^{b}\pm0.26$	$0.61^{b}\pm0.05$
	无地上部分	大 H	29.70	321	$122.66^{c}\pm11.04$	$3.41^{c}\pm0.31$	$224.04^{c}\pm20.16$	$65.08^{c}\pm5.86$	$1.83^{b}\pm0.16$
		中 M	29.30	387	$59.62^{b}\pm4.77$	$1.66^{b}\pm0.13$	$69.31^{c}\pm5.54$	$20.13^{c}\pm1.61$	$1.16^{b}\pm0.09$
		小 S	27.40	802	$26.25^{b}\pm2.36$	$0.73^{b}\pm0.07$	$12.07^{c}\pm1.09$	$3.51^{c}\pm0.32$	$0.46^{c}\pm0.04$
冰草	全株	大 H	18.10	65	$65.77^{a}\pm5.26$	$1.83^{a}\pm0.15$	$80.82^{a}\pm6.47$	$23.48^{a}\pm1.88$	$1.23^{a}\pm0.10$
	半株	大 H	20.50	143	$86.45^{a}\pm7.78$	$2.40^{a}\pm0.22$	$56.68^{b}\pm5.11$	$16.46^{b}\pm1.48$	$0.66^{b}\pm0.06$
		中 M	20.30	285	$46.38^{b}\pm3.71$	$1.29^{b}\pm0.10$	$16.63^{c}\pm1.33$	$4.83^{c}\pm0.39$	$0.36^{b}\pm0.03$
		小 S	21.80	1 022	$13.76^{b}\pm1.24$	$0.38^{b}\pm0.03$	$2.54^{c}\pm0.23$	$0.74^{c}\pm0.07$	$0.18^{c}\pm0.02$

续表 5-2

小区	株高	雨强	前期含水量/%	产流时间/s	径流量/L	径流深度/mm	侵蚀量/g	侵蚀模数/(t/km^2)	泥沙浓度/(g/L)
冰草	无地上部分	大 H	14.00	127	$161.41^{b}\pm12.91$	$4.48^{b}\pm0.36$	$261.65^{c}\pm20.93$	$76.00^{c}\pm6.08$	$1.62^{b}\pm0.13$
		中 M	14.20	249	$96.52^{a}\pm8.69$	$2.68^{a}\pm0.24$	$147.23^{b}\pm13.25$	$42.77^{b}\pm3.85$	$1.53^{b}\pm0.14$
		小 S	23.70	280	$45.81^{a}\pm3.66$	$1.27^{a}\pm0.11$	$40.19^{b}\pm3.22$	$11.67^{b}\pm0.93$	$0.88^{b}\pm0.07$
侧柏	全株	大 H	14.30	64	$8.51^{b}\pm0.77$	$0.24^{b}\pm0.02$	$0.58^{b}\pm0.05$	$0.17^{b}\pm0.02$	$0.07^{b}\pm0.01$
	半株	大 H	17.60	118	$84.46^{a}\pm6.76$	$2.35^{a}\pm0.19$	$178.63^{a}\pm14.29$	$51.89^{a}\pm4.15$	$2.12^{a}\pm0.17$
		中 M	17.30	153	$62.33^{a}\pm5.61$	$1.73^{a}\pm0.16$	$45.98^{a}\pm4.14$	$13.36^{a}\pm1.25$	$0.74^{a}\pm0.07$
		小 S	21.60	604	$30.48^{a}\pm2.44$	$0.85^{a}\pm0.07$	$58.71^{a}\pm4.70$	$17.05^{a}\pm1.36$	$1.93^{a}\pm0.15$
	无地上部分	大 H	27.30	53	$159.92^{b}\pm14.39$	$4.44^{b}\pm0.40$	$1\,053.07^{b}\pm94.78$	$305.89^{b}\pm27.53$	$6.58^{a}\pm0.59$
		中 M	22.60	104	$78.17^{a}\pm6.25$	$2.17^{a}\pm0.17$	$232.68^{b}\pm18.61$	$67.59^{b}\pm5.41$	$2.98^{a}\pm0.24$
		小 S	30.70	209	$38.50^{a}\pm3.47$	$1.07^{a}\pm0.12$	$47.43^{b}\pm4.27$	$13.78^{b}\pm1.24$	$1.23^{b}\pm0.11$

注：不同小写字母表示不同植物群落同一株高和降雨强度下差异显著（$P<0.05$）且均使用 Tukey's HSD 检验进行多重比较。

在小雨强下，半株侧柏小区径流量和径流深度显著高于紫花苜蓿和冰草小区，半株侧柏小区侵蚀量、侵蚀模数和泥沙浓度最高，其次是紫花苜蓿小区，冰草小区最低；在无地上部分时，与中雨强类似，紫花苜蓿小区径流量和径流深度最低，其他小区间（包括裸地小区）无显著差异，而裸地小区和侧柏小区侵蚀量、侵蚀模数和泥沙浓度最高，其次是冰草小区，紫花苜蓿小区最低。

第三节　植物根系与产流产沙过程的关系

在分析植物根系（根系生物量密度、根长密度、根表面积密度和根体积密度）、土壤性质（前期含水量、土壤粒径分布、土壤养分）与径流侵蚀因子（产流时间、径流量和侵蚀量）的关系（见图 5-4）后，根据蒙特卡罗置换实验，CCA 结果表明，植物根系和土壤性质对于径流侵蚀因子变化的总解释度为 82.7%，其中植物根系的解释度占比为 60.6%，土壤性质的解释度占比为 35.2%，两者的交互作用的解释度占比为4.2%。在黄土高原地区，乔灌草根系对土壤抗冲性均有一定的强化效应。植物群落对土壤水文性质也有一定改良作用，可增强土壤入渗，转化地表径流为地下径流，裸地的平均入渗率仅为灌草地的 25%～78%，且入渗过程波动强烈。林地与荒坡地相比，入渗能力显著增强，一般降雨强度下林地基本无径流产生。

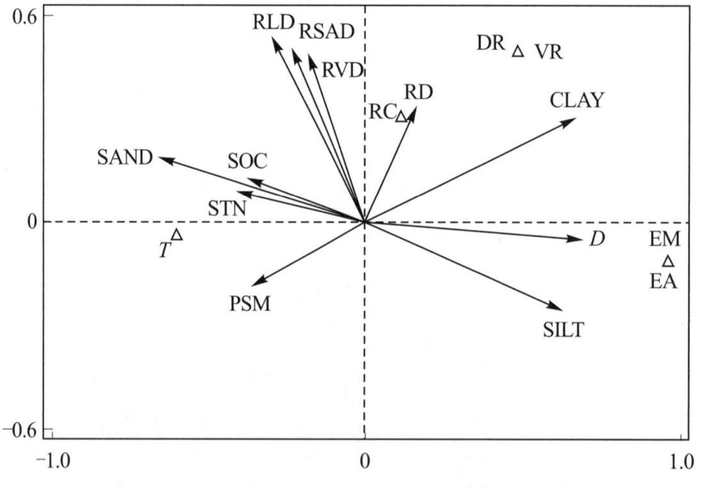

T—产流时间；VR—径流量；DR—径流深度；RC—径流系数；EA—侵蚀量；EM—侵蚀模数；PSM—前期含水量；SAND—砂粒含量；SILT—粉粒含量；CLAY—黏粒含量；*D*—分形维数；STN—土壤全氮；SOC—土壤有机碳；RD—根系生物量密度；RLD—根长密度；RSAD—根表面积密度；RVD—根体积密度。

图 5-4　CCA 分析：植物根系、土壤性质与径流侵蚀因子之间的关系

分析植物根系、土壤性质与径流侵蚀因子间相关关系可看出，土壤理化性质与径流侵蚀因子间关系更为密切，如表 5-3 所示。砂粒含量与径流量、径流系数及侵蚀量间均呈显著负相关关系($P<0.05$),而粉粒含量与径流量、径流系数及侵蚀量间呈显著正相关($P<0.05$),黏粒含量与径流量间、土壤粒径分形维数与径流侵蚀量间也呈显著正相关关系($P<0.05$)。此外,土壤养分含量(全氮和有机碳)则均与径流系数间呈极显著负相关($P<0.01$),且相关性系数最高,分别为 0.553 和 0.589,但与径流量和侵蚀量间无显著相关关系。

表 5-3　植物根系、土壤性质与径流侵蚀因子间的相关关系

影响因子	*T*	VR	RC	EA
PSM	0.201	−0.240	−0.165	−0.133
SAND	0.259	−0.487*	−0.481*	−0.504*
SILT	−0.229	0.453*	0.513*	0.518*
CLAY	−0.320	0.500*	0.172	0.276
D	−0.292	0.527**	0.406	0.453*
STN	0.198	−0.237	−0.553**	−0.274
SOC	0.142	−0.288	−0.589**	−0.308
RD	−0.275	−0.094	−0.234	−0.118
RLD	−0.053	−0.179	−0.189	−0.334
RSAD	−0.074	−0.156	−0.159	−0.297
RVD	−0.086	−0.124	−0.134	−0.265

注:* 和 ** 分别表示在 $P<0.05$ 和 $P<0.01$ 水平上显著,各因子缩写含义为:*T*—产流时间;VR—径流量;RC—径流系数;EA—侵蚀量;PSM—前期含水量;SAND—砂粒含量;SILT—粉粒含量;CLAY—黏粒含量;*D*—分形维数;STN—土壤全氮;SOC—土壤有机碳;RD—根系生物量密度;RLD—根长密度;RSAD—根表面积密度;RVD—根体积密度。

各小区的土壤理化性质和根系参数间差异显著(见表 5-4,$P<0.05$)。裸地小区砂粒含量最低且粉粒含量和分形维数均最高,而紫花苜蓿小区黏粒含量最低。紫花苜蓿和侧柏小区土壤全氮和有机碳含量均为最高,而冰草小区的根系参数最高。而根据表 5-2 的结果,紫花苜蓿径流侵蚀参数(径流量、径流深度、侵蚀量、侵蚀模数和泥沙浓度)在各小区中均为最低,可能是因为其地表腐殖质层较厚,可直接减弱雨滴溅蚀和径流的产生,而冰草和侧柏小区地表基本无枯枝落叶,且紫花苜蓿小区土壤养分含量最高,土壤颗粒间黏性更高,对土壤侵蚀抗性更强。

表 5-4　各小区的土壤理化性质及根系参数

小区植物	砂粒含量/%	粉粒含量/%	黏粒含量/%	分形维数 D	土壤全氮含量 STN/%	有机碳含量 SOC/(g/kg)	根系密度 RD/(g/m^3)	根长密度 RLD/(cm/cm^3)	根表面积密度 RSAD/(cm^2/cm^2)	根体积密度 RVD/(cm^3/m^3)
裸地	$17.17^b \pm 1.37$	$77.03^a \pm 4.16$	$5.80^a \pm 0.46$	$2.86^a \pm 0.23$	$0.05^b \pm 0.01$	$0.28^c \pm 0.02$				
紫花苜蓿	$31.16^a \pm 2.18$	$64.33^b \pm 4.50$	$4.51^b \pm 0.32$	$2.73^b \pm 0.19$	$0.11^a \pm 0.02$	$1.05^a \pm 0.07$	$23.93^b \pm 1.68$	$0.15^b \pm 0.01$	$0.01^b \pm 0$	$168.13^b \pm 11.77$
冰草	$27.32^a \pm 2.19$	$67.15^b \pm 5.37$	$5.53^a \pm 0.44$	$2.78^b \pm 0.22$	$0.08^a \pm 0.01$	$0.76^b \pm 0.06$	$124.59^a \pm 9.97$	$0.65^a \pm 0.05$	$0.08^a \pm 0.01$	$1\,665.55^a \pm 133.24$
侧柏	$26.69^a \pm 1.87$	$67.94^b \pm 4.76$	$5.38^a \pm 0.38$	$2.78^b \pm 0.19$	$0.10^a \pm 0.01$	$1.04^a \pm 0.07$	$110.45^a \pm 7.73$	$0.13^b \pm 0.01$	$0.02^b \pm 0$	$227.12^b \pm 15.90$

注：不同小写字母表示不同小区间差异显著（$P<0.05$）且均使用 Tukey's HSD 检验进行多重比较。

第四节　植物不同部位的减流减沙效益差异

植被恢复是黄土高原地区最主要的水土保持措施之一，植物减蚀作用具体体现在以下几个方面：植物枝叶可以减弱甚至消除雨滴动能，同时植物茎干及枯枝落叶层也可减缓地表径流流速。此外，植物根系也可以提高土壤的抗冲抗蚀能力及渗透性，进而减弱水土流失。在本书中，相比于裸地，不同植物群落均有不同程度的减流减沙效益，且不同地上高度的减流减沙效益也有差异。从表 5-2 可知，以裸地为对照，各植物群落小区在不同地上高度下减流减沙效益差异具体如表 5-5 所示。

表 5-5　各小区在不同地上高度下的减流减沙效益

小区植物	减流减沙效益(%)								
	大雨强			中雨强			小雨强		
	全株	半株	无地上部分	全株	半株	无地上部分	全株	半株	无地上部分
紫花苜蓿	100	63	37	100	55	45	100	66	51
冰草	66	55	17	100	57	17	100	74	15
侧柏	96	56	17	100	43	28	100	40	29

因此，植物的上半部分(枝叶)减流减沙效益更显著，且植物群落地表覆盖度越高，减流减沙效益越好。在 3 种植物群落中，侧柏茎叶部分减流减沙作用最为显著，当去除上半部分植株时，其减流减沙效益平均下降了 52.3%，紫花苜蓿植株各部分间减流减沙效益差异最小。具体而言，植物的抗侵蚀力可分为叶冠截留、树干透流、枯枝落叶阻流和根系加固等，植物对降雨的再分配作用可直接改变坡面侵蚀过程，而本书研究结果表明，在植物不同部位中，枝叶的抗侵蚀作用更强，同时，紫花苜蓿的枯枝落叶阻流作用最显著。

第五节　小　结

(1)植物根系与地上覆被的水土保持作用差异显著，植物根系对径流侵蚀因子的解释度高于土壤性质，总解释度为 50.1%，土壤粒径分布与径流侵蚀因子基本均呈正相关关系($P<0.05$)，而土壤养分与径流侵蚀因子极显著负相关($P<0.01$)。

(2)植物群落覆盖度接近 100%时，减流减沙效益最佳，而地表覆盖度下降，水土流失量呈显著增加态势，减流减沙效益显著降低。

(3)在 3 种植物群落(侧柏、紫花苜蓿和冰草)中，植物各部分间(枝叶、茎干、枯落物及根系)减流减沙作用差异显著，且枝叶的减流减沙作用更强，其中，以侧柏枝叶最为显著。紫花苜蓿群落减流减沙效益最好，植物各部位间减流减沙作用差异最小，且其枯枝落叶的阻流作用最显著。

第六章 结论与展望

第一节 结 论

黄土高原的整地措施和植被恢复工程对改良当地生态环境质量,促进生态恢复意义重大。本书选择黄土高原地区典型小流域——甘肃省定西市安家坡流域和龙滩流域,基于探地雷达探测、原位根钻取样和模拟降雨实验等方法,具体分析了不同整地措施(反坡台、鱼鳞坑、水平阶)下,不同植物群落(油松、侧柏、山杏、柠条、紫花苜蓿、荒草)中根系分布特征、土壤性质、植物养分以及植物不同部位的水土保持能力,主要结论如下:

(1)由于整地物理结构及植物功能性差异,不同整地措施和植物群落可显著影响根系分布。其中,在三种油松林典型整地措施中,水平阶总根系密度(18.14 kg/m^2)显著高于鱼鳞坑(13.95 kg/m^2)和反坡台(9.84 kg/m^2),且其细根参数(细根密度及形态学参数)也为最高($P<0.05$);各植物群落中,乔木(油松、侧柏和山杏)总根系密度和细根参数显著高于灌木(柠条)和草本植物(紫花苜蓿和荒草),油松根系密度(总根系及细根密度)、侧柏细根形态学密度分别为最高($P<0.05$),且各样地中细根参数均随着土层深度增加而显著降低。此外,植物根系分布对于景观空间因子变化响应明显,上坡位和中坡位的细根参数高于下坡位;阳坡总根系密度更高,而阴坡细根更发达。

(2)植物根系分布差异显著影响其立地土壤性质,根系可显著提高土壤养分、水分和抗侵蚀力,且细根比粗根对土壤性质的改良作用更强。在不同整地措施下典型植物群落中,由于其细根根系最发达,所以水平阶和乔木群落(特别是油松)的土壤养分、水分及抗侵蚀能力也相应最高。此外,各植物群落具有不同的水分利用策略,草本优先利用浅层(0~60 cm)土壤水分,而灌木和乔木则更多利用深层水分,同时细根主要集中在表层土(0~40 cm),通过增加根系孔隙提升土壤入渗,进而提高深层土壤水分。

(3)植物养分与土壤养分关系紧密。各植物群落中,植物全氮含量与土壤养分间呈显著负相关,且与枝条相比,细根养分含量与土壤养分关系更为密切,并直接影响枝条养分含量。不同植物群落间植物养分含量垂直分布特征差异显著,乔木细根总氮含量随着土层加深显著降低,灌草细根总氮含量显著增加,而细根有机碳含量和碳氮比无显著差异;在0~160 cm土层,细根总氮含量表现为灌木>草本>乔木,且豆科植物群落因固氮作用而氮含量更高,而乔木的细根有机碳含量和碳氮比显著高于灌木和草本植物($P<0.05$)。

(4)植物根系与地上覆被的水土保持效应差异显著,且植物根系对水沙过程有重要影响。CCA分析结果表明,植物根系参数对径流侵蚀因子的总解释度为50.1%。土壤粒径分布与径流侵蚀因子总体呈正相关关系($P<0.05$),而土壤养分与径流侵蚀因子呈极显著负相关($P<0.01$)。在三种植物群落(侧柏、紫花苜蓿和冰草)中,随植物群落

地表覆盖度下降,减流减沙效益也随之下降。同时,植物不同部位中,枝叶的抗侵蚀作用更强。

研究表明,整地措施,例如水平阶,结合适宜树种进行植被恢复,对土地的长期稳定至关重要,本书中的深层土壤剖面根系数据也是对生态恢复过程研究的有效补充。同时,应选择细根发达的植物在整地后坡面上种植,以提高土壤养分、水分和抗侵蚀力。本书可为脆弱干旱生态系统恢复过程中,土地管理者挑选最佳整地措施和植物种类提供科学理论依据,为生态恢复和水保工程实施时的具体决策提供实践技术支持,对黄土高原生态系统恢复与水土资源保育有重要参考意义。

第二节 创新点

(1)植物地下根系在土壤中分布的空间多样性很强,且分布范围广阔,目前并没有统一的采样方法或标准适用于各种类型的植物根系,野外调查难度很高。本书综合运用探地雷达扫描和原位根钻取样法对不同整地措施下典型植物群落的根系分布进行了详细探查,阐明了整地措施和植物群落对根系分布特征的影响,同时,深层土壤剖面根系数据也是对生态恢复过程与机制研究的有效补充。

(2)由于系统测定根系分布特征的难度很高,因而不同立地条件下植物根系对土壤性质的影响机制依然不明。本书明确了不同整地方式下典型植物群落根系分布对土壤养分、水分和抗侵蚀力的影响机制,并量化了植物根系对土壤的改良作用,是对人工植被恢复生态效应研究的深化。

(3)本书探讨了养分在植物体和土壤内的分配规律,阐明了植物根系的抗侵蚀能力,并揭示了植物地下根系和地上覆被等不同部位的水土保持能力,为生态系统地上与地下过程关系研究提供了科学参考。

第三节 展 望

与地上生态系统相比,地下生态系统的研究难度极大,但要研究完整的生态系统物质循环和能量流动,地下部分又至关重要。本书对黄土高原不同整地措施下植物群落的根系分布及其生态效应进行了实测和模拟研究,是对黄土高原生态修复机制研究的补充、拓展和丰富,同时可为脆弱山地生态系统管理、土地整治技术优化及植被物种筛选提供科学理论依据与实践技术支持。研究工作在 2017 年 8 月至 2020 年 1 月期间完成,野外调查工作量很大,受时间、精力、人员、仪器设备等因素限制,本书难免会存在一些不足之处,下一步拟从以下几个方面进一步深化研究,拓展完善研究成果:

(1)本书侧重于根系分布特征的探查,主要集中研究根系在土壤中垂直分布情况,对于根系水平分布的研究则涉及较少,今后工作中将对该方面做进一步探究。

(2)不同树种存在深根型和浅根型的差别,需要综合考虑该因素以深化研究。同时,未来会进一步关注不同植物群落及其植物个体器官功能性状的生态效益差异,更系统地分析植物与土壤的相互作用原理和机制。

(3)本书主要集中分析植物根系对土壤稳定性和抗侵蚀力的提升作用,未对野外径流泥沙数据进行定位测定。在后续研究中,为了更系统、全面地分析评价植物根系的水土保持效应,计划通过建立必要的径流泥沙观测设施进行定位观测,以便进一步拓展深化完善相关研究成果。

附 录

附表 1 反坡台样地不同坡位细根参数、土壤水分、养分和抗侵蚀力的垂直分布差异

土层深度/cm	坡位	细根长度密度 FRL/（cm/cm^2）	细根表面积密度 FRSA/（cm^2/cm^2）	细根体积密度 FRV/（cm^3/m^2）	总氮 TN/（g/kg）	总磷 TP/（g/kg）	有机碳 SOC/（g/kg）	碳氮比 C/N	抗冲性 AS/（L/g）	可蚀性 K	土壤水分/%
0～20	上	18.70^{a}	2.19^{a}	359.29^{a}	1.37^{ab}	0.59^{a}	14.57^{a}	10.60^{a}	1.51^{a}	0.17^{a}	9.68^{a}
	中	15.87^{ab}	2.13^{a}	346.06^{a}	1.48^{a}	0.57^{a}	15.25^{a}	10.28^{a}	1.48^{a}	0.16^{a}	8.69^{a}
	下	9.72^{b}	1.33^{b}	253.62^{a}	1.29^{b}	0.56^{a}	11.86^{a}	9.15^{a}	0.99^{b}	0.18^{a}	9.07^{a}
20～40	上	8.00^{ab}	1.03^{b}	185.36^{b}	1.56^{a}	0.61^{a}	15.58^{a}	10.00^{a}	0.81^{b}	0.17^{ab}	9.67^{a}
	中	10.40^{a}	1.49^{a}	303.76^{a}	1.34^{b}	0.56^{a}	13.45^{a}	10.04^{a}	1.10^{a}	0.17^{a}	8.11^{a}
	下	5.90^{b}	0.86^{b}	178.05^{b}	1.51^{a}	0.56^{a}	15.76^{a}	10.42^{a}	0.69^{b}	0.16^{b}	8.37^{a}
40～60	上	4.33^{a}	0.57^{a}	103.74^{a}	1.15^{a}	0.53^{a}	10.30^{a}	8.91^{a}	0.49^{a}	0.19^{a}	7.27^{a}
	中	4.30^{a}	0.63^{a}	131.11^{a}	1.40^{a}	0.57^{a}	12.47^{a}	8.95^{a}	0.54^{a}	0.18^{a}	7.68^{a}
	下	2.39^{b}	0.40^{a}	90.49^{a}	1.11^{a}	0.53^{a}	9.44^{a}	8.39^{a}	0.36^{a}	0.20^{a}	6.92^{a}
60～80	上	3.56^{a}	0.53^{a}	106.16^{a}	0.76^{a}	0.53^{a}	5.20^{a}	6.85^{a}	0.46^{a}	0.21^{a}	6.23^{a}
	中	3.50^{a}	0.54^{a}	110.01^{a}	0.89^{a}	0.55^{a}	7.55^{a}	8.12^{a}	0.46^{a}	0.20^{a}	6.34^{a}
	下	2.39^{a}	0.41^{a}	89.45^{a}	0.65^{a}	0.49^{a}	4.94^{a}	7.63^{a}	0.37^{a}	0.21^{a}	6.44^{a}
80～100	上	2.23^{a}	0.40^{a}	93.05^{a}	0.72^{a}	0.52^{a}	5.47^{a}	7.35^{a}	0.36^{a}	0.21^{a}	7.32^{a}
	中	1.73^{a}	0.28^{a}	58.95^{a}	0.72^{a}	0.53^{a}	5.43^{a}	7.53^{a}	0.27^{a}	0.21^{a}	6.31^{a}
	下	1.32^{a}	0.21^{a}	44.80^{a}	0.58^{a}	0.49^{a}	4.04^{a}	6.96^{a}	0.22^{a}	0.21^{a}	6.00^{a}

续附表 1

土层深度/cm	坡位	细根长度密度 FRL/(cm/cm^2)	细根表面积密度 FRSA/(cm^2/cm^2)	细根体积密度 FRV/(cm^3/m^2)	总氮 TN/(g/kg)	总磷 TP/(g/kg)	有机碳 SOC/(g/kg)	碳氮比 C/N	抗冲性 AS/(L/g)	可蚀性 *K*	土壤水分/%
100~120	上	2.18^a	0.39^a	89.74^a	0.63^a	0.52^a	4.08^a	6.40^a	0.35^a	0.22^a	5.98^a
	中	1.90^a	0.27^a	55.50^a	0.53^a	0.52^a	3.40^a	6.37^a	0.26^a	0.21^a	6.60^a
	下	1.76^a	0.29^a	61.83^a	0.49^a	0.51^a	3.15^a	6.49^a	0.27^a	0.21^a	6.08^a
120~140	上	1.37^a	0.25^a	57.43^a	0.53^a	0.54^a	3.71^a	6.82^a	0.24^a	0.21^a	6.38^a
	中	1.50^a	0.18^a	34.09^a	0.48^a	0.55^a	2.88^a	6.01^a	0.19^a	0.21^a	6.54^a
	下	1.56^a	0.25^a	51.31^a	0.48^a	0.52^a	2.90^a	6.10^a	0.24^a	0.22^a	5.83^a
140~160	上	1.47^a	0.26^a	59.40^a	0.61^a	0.55^a	4.50^a	7.33^a	0.25^a	0.22^a	5.60^a
	中	1.74^a	0.23^a	46.42^a	0.47^a	0.54^a	2.46^b	5.20^b	0.23^a	0.22^a	6.65^a
	下	1.55^a	0.22^a	41.99^a	0.46^a	0.54^a	2.79^{ab}	5.97^{ab}	0.22^a	0.22^a	5.63^a
160~180	上				0.50^a	0.55^a	3.64^a	7.33^a		0.21^a	5.56^a
	中				0.50^a	0.57^a	3.01^a	5.94^a		0.22^a	6.23^a
	下				0.43^a	0.55^a	2.26^a	5.26^a		0.22^a	6.61^a
180~200	上				0.50^a	0.57^{ab}	4.11^a	8.21^a		0.21^a	5.39^b
	中				0.48^a	0.59^a	3.25^a	6.62^a		0.22^a	6.14^a
	下				0.45^a	0.55^b	2.97^a	6.56^a		0.22^a	5.40^b

注:不同小写字母表示不同坡位同一土层深度间差异显著($P<0.05$)且均使用 Tukey's HSD 检验进行多重比较。

附表 2　水平阶样地不同坡位细根参数、土壤水分、养分和抗侵蚀力的垂直分布差异

土层深度/cm	坡位	细根长度密度 FRL/（cm/cm^2）	细根表面积密度 FRSA/（cm^2/cm^2）	细根体积密度 FRV/（cm^3/m^2）	总氮 TN/（g/kg）	总磷 TP/（g/kg）	有机碳 SOC/（g/kg）	碳氮比 C/N	抗冲性 AS/（L/g）	可蚀性 *K*	土壤水分/%
0～20	上	32.79^{a}	4.19^{a}	756.30^{a}	1.48^{a}	0.57^{a}	16.19^{a}	10.88^{a}	2.61^{a}	0.16^{a}	8.79^{a}
	中	26.96^{a}	3.20^{ab}	531.57^{b}	1.34^{a}	0.60^{a}	14.99^{a}	11.02^{a}	2.08^{b}	0.16^{a}	9.41^{a}
	下	25.57^{a}	3.04^{b}	510.92^{b}	1.18^{a}	0.58^{a}	12.47^{a}	10.57^{a}	2.00^{b}	0.18^{a}	9.95^{a}
20～40	上	7.47^{a}	1.09^{a}	213.71^{a}	1.19^{a}	0.54^{a}	13.76^{a}	11.67^{a}	0.85^{a}	0.17^{a}	9.49^{a}
	中	8.03^{a}	1.01^{a}	186.30^{a}	1.37^{a}	0.50^{a}	14.03^{a}	10.24^{a}	0.79^{a}	0.17^{a}	8.29^{a}
	下	5.43^{a}	0.90^{a}	201.60^{a}	1.33^{a}	0.56^{a}	13.82^{a}	10.29^{a}	0.72^{a}	0.17^{a}	9.78^{a}
40～60	上	4.11^{a}	0.62^{a}	118.44^{a}	0.76^{b}	0.51^{b}	6.94^{a}	9.17^{a}	0.53^{a}	0.20^{a}	9.49^{ab}
	中	4.21^{a}	0.65^{a}	135.19^{a}	1.02^{ab}	0.58^{ab}	9.58^{a}	9.69^{a}	0.55^{a}	0.20^{a}	6.78^{b}
	下	4.40^{a}	0.79^{a}	179.77^{a}	1.27^{a}	0.58^{a}	11.74^{a}	9.16^{a}	0.65^{a}	0.18^{a}	10.30^{a}
60～80	上	2.83^{a}	0.45^{ab}	94.57^{ab}	0.57^{a}	0.53^{a}	4.49^{a}	7.73^{a}	0.41^{ab}	0.21^{a}	7.92^{a}
	中	2.10^{a}	0.30^{b}	57.52^{b}	0.64^{a}	0.54^{a}	6.35^{a}	9.92^{a}	0.28^{b}	0.20^{a}	6.10^{a}
	下	2.97^{a}	0.52^{a}	123.44^{a}	0.97^{a}	0.59^{a}	8.14^{a}	8.43^{a}	0.46^{a}	0.20^{a}	8.47^{a}
80～100	上	2.48^{a}	0.38^{a}	78.18^{a}	0.48^{a}	0.56^{a}	3.17^{a}	6.40^{a0}	0.35^{a}	0.21^{a}	6.19^{a}
	中	1.25^{ab}	0.19^{b}	39.53^{b}	0.54^{a}	0.55^{a}	3.27^{a}	6.04^{a}	0.20^{ab}	0.21^{a}	5.91^{a}
	下	0.83^{b}	0.12^{b}	20.78^{b}	0.63^{a}	0.55^{a}	4.71^{a}	7.35^{a}	0.13^{b}	0.21^{a}	5.85^{a}
100～120	上	2.64^{a}	0.40^{a}	81.55^{a}	0.50^{a}	0.55^{a}	2.83^{a}	5.68^{a}	0.37^{a}	0.21^{a}	6.13^{a}
	中	1.32^{b}	0.22^{ab}	50.30^{ab}	0.53^{a}	0.55^{a}	3.66^{a}	6.86^{a}	0.22^{ab}	0.21^{a}	5.94^{a}
	下	0.59^{b}	0.12^{b}	29.25^{a}	0.58^{a}	0.56^{a}	4.60^{a}	7.84^{a}	0.13^{b}	0.21^{a}	5.71^{a}

续附表 2

土层深度/cm	坡位	细根长度密度 FRL/(cm/cm^2)	细根表面积密度 FRSA/(cm^2/cm^2)	细根体积密度 FRV/(cm^3/m^2)	总氮 TN/(g/kg)	总磷 TP/(g/kg)	有机碳 SOC/(g/kg)	碳氮比 C/N	抗冲性 AS/(L/g)	可蚀性 K	土壤水分/%
120~140	上	1.57[a]	0.23[a]	46.17[a]	0.41[b]	0.56[a]	2.70[a]	6.73[a]	0.23[a]	0.21[a]	6.22[a]
	中	1.72[a]	0.25[a]	53.46[a]	0.52[ab]	0.56[a]	3.57[a]	6.98[a]	0.24[a]	0.21[a]	6.03[a]
	下	0.41[a]	0.07[a]	13.60[a]	0.54[a]	0.56[a]	3.36[a]	6.10[a]	0.08[a]	0.21[a]	5.92[a]
140~160	上	1.78[a]	0.32[a]	72.75[a]	0.45[a]	0.56[a]	2.48[a]	5.53[a]	0.29[a]	0.22[a]	6.22[a]
	中	1.12[a]	0.17[a]	34.52[a]	0.44[a]	0.56[a]	2.86[a]	6.47[a]	0.17[a]	0.21[a]	5.94[a]
	下	0.53[a]	0.08[a]	14.04[a]	0.45[a]	0.55[a]	2.43[a]	5.39[a]	0.09[a]	0.21[a]	5.99[a]
160~180	上				0.47[a]	0.57[a]	3.24[a]	6.89[a]		0.21[a]	6.17[a]
	中				0.45[a]	0.57[a]	2.76[a]	6.10[a]		0.21[a]	5.75[a]
	下				0.43[a]	0.55[a]	2.44[a]	5.73[a]		0.21[a]	5.96[a]
180~200	上				0.48[a]	0.56[a]	3.02[a]	6.28[a]		0.21[a]	6.09[a]
	中				0.45[a]	0.58[a]	2.79[a]	6.25[a]		0.21[a]	5.88[a]
	下				0.45[a]	0.56[b]	2.74[a]	6.09[a]		0.22[a]	5.83[a]

注：不同小写字母表示不同坡位同一土层深度间差异显著($P<0.05$)且均使用 Tukey's HSD 检验进行多重比较。

附表 3 鱼鳞坑样地不同坡位细根参数、土壤水分、养分和抗侵蚀力的垂直分布差异

土层深度/cm	坡位	细根长度密度 FRL/(cm/cm^2)	细根表面积密度 FRSA/(cm^2/cm^2)	细根体积密度 FRV/(cm^3/m^2)	总氮 TN/(g/kg)	总磷 TP/(g/kg)	有机碳 SOC/(g/kg)	碳氮比 C/N	抗冲性 AS/(L/g)	可蚀性 K	土壤水分/%
0~20	上	26.06^{a}	2.65^{a}	384.30^{a}	1.05^{b}	0.54^{a}	10.68^{b}	10.20^{a}	1.78^{a}	0.19^{a}	9.01^{a}
	中	21.98^{b}	2.62^{a}	434.43^{a}	1.22^{ab}	0.54^{a}	12.91^{a}	10.63^{a}	1.76^{a}	0.17^{b}	10.93^{a}
	下	14.77^{b}	1.97^{b}	358.62^{a}	1.41^{a}	0.54^{a}	12.34^{ab}	8.91^{a}	1.39^{b}	0.17^{b}	9.61^{a}
20~40	上	5.40^{a}	0.72^{a}	132.26^{a}	0.93^{a}	0.58^{a}	7.74^{a}	8.21^{ab}	0.60^{a}	0.21^{a}	8.03^{a}
	中	3.78^{b}	0.61^{a}	126.54^{a}	0.80^{a}	0.49^{b}	6.97^{a}	8.66^{a}	0.52^{a}	0.21^{a}	8.47^{a}
	下	4.12^{ab}	0.62^{a}	123.92^{a}	0.78^{a}	0.48^{b}	4.98^{a}	6.36^{b}	0.53^{a}	0.21^{a}	7.02^{a}
40~60	上	3.23^{a}	0.54^{a}	116.05^{a}	0.73^{a}	0.56^{a}	5.44^{a}	7.38^{a}	0.47^{a}	0.21^{a}	7.63^{a}
	中	3.12^{a}	0.50^{a}	107.28^{a}	0.56^{a}	0.49^{b}	3.89^{a}	6.81^{a}	0.45^{a}	0.21^{a}	6.87^{a}
	下	2.75^{a}	0.51^{a}	111.69^{a}	0.59^{a}	0.50^{b}	3.60^{a}	6.15^{a}	0.45^{a}	0.21^{a}	6.63^{a}
60~80	上	1.66^{b}	0.30^{b}	66.51^{b}	0.63^{a}	0.56^{a}	4.12^{a}	6.29^{a}	0.29^{b}	0.21^{a}	7.02^{a}
	中	2.63^{a}	0.45^{a}	93.80^{ab}	0.56^{a}	0.51^{ab}	3.73^{a}	6.48^{a}	0.41^{a}	0.21^{a}	6.54^{a}
	下	2.34^{ab}	0.45^{a}	104.19^{a}	0.53^{a}	0.50^{b}	2.96^{a}	5.57^{a}	0.41^{a}	0.21^{a}	6.33^{a}
80~100	上	1.21^{a}	0.21^{ab}	48.62^{a}	0.52^{a}	0.53^{a}	3.02^{a}	5.65^{a}	0.22^{ab}	0.21^{a}	6.54^{a}
	中	1.36^{a}	0.24^{a}	56.02^{a}	0.51^{a}	0.53^{a}	3.67^{a}	7.23^{a}	0.24^{a}	0.21^{a}	6.47^{a}
	下	0.72^{b}	0.13^{b}	26.28^{a}	0.52^{a}	0.54^{a}	2.45^{a}	4.85^{a}	0.14^{b}	0.21^{a}	6.39^{a}
100~120	上	1.17^{a}	0.16^{a}	29.65^{a}	0.48^{a}	0.54^{a}	2.61^{a}	5.32^{a}	0.16^{a}	0.21^{a}	6.47^{a}
	中	0.93^{a}	0.13^{a}	25.30^{a}	0.48^{a}	0.52^{a}	2.69^{a}	5.62^{a}	0.15^{a}	0.22^{a}	6.11^{a}
	下	0.89^{a}	0.12^{a}	22.01^{a}	0.51^{a}	0.53^{a}	2.55^{a}	5.11^{a}	0.13^{a}	0.21^{a}	6.54^{a}

续附表 3

土层深度/cm	坡位	细根长度密度 FRL/(cm/cm^2)	细根表面积密度 FRSA/(cm^2/cm^2)	细根体积密度 FRV/(cm^3/m^2)	总氮 TN/(g/kg)	总磷 TP/(g/kg)	有机碳 SOC/(g/kg)	碳氮比 C/N	抗冲性 AS/(L/g)	可蚀性 K	土壤水分/%
120~140	上	1.12^a	0.17^a	32.98^a	0.47^a	0.54^{ab}	2.61^a	5.43^a	0.17^a	0.21^a	5.72^a
	中	0.89^a	0.11^a	18.94^a	0.46^a	0.53^b	2.40^a	5.25^a	0.12^a	0.21^a	6.30^a
	下	1.06^a	0.15^a	26.03^a	0.46^a	0.56^a	2.41^a	5.22^a	0.16^a	0.22^a	7.01^a
140~160	上	1.08^a	0.14^a	24.08^a	0.46^a	0.55^{ab}	2.28^a	4.84^a	0.15^a	0.21^a	5.42^b
	中	1.06^a	0.16^a	31.74^a	0.45^a	0.53^b	2.26^a	5.00^a	0.17^a	0.22^a	6.30^a
	下	0.64^a	0.10^a	20.78^a	0.51^a	0.57^a	2.58^a	5.07^a	0.11^a	0.22^a	6.15^a
160~180	上				0.43^a	0.54^a	2.15^a	5.00^a		0.21^a	5.52^a
	中				0.46^a	0.54^a	2.07^a	4.50^a		0.22^a	6.11^a
	下				0.45^a	0.57^a	2.25^a	5.05^a		0.22^a	6.25^a
180~200	上				0.42^a	0.55^a	2.11^a	4.98^a		0.21^a	5.50^a
	中				0.45^a	0.54^a	2.36^a	5.34^a		0.22^a	5.84^a
	下				0.44^a	0.55^a	2.06^a	4.75^a		0.22^a	5.98^a

注:不同小写字母表示不同坡位同一土层深度间差异显著($P<0.05$)且均使用 Tukey's HSD 检验进行多重比较。

参考文献

[1]储诚山，刘伯霞. 陕西黄土高原生态环境问题及生态保护修复[J]. 开发研究,2019(5):125-131.

[2]代亚丽，蔡江碧，王宏丽. 植被建设在黄土高原生态环境建设中的地位和作用[J]. 西北农业大学学报，2000(6):130-134.

[3]邓景成，高鹏，穆兴民,等. 黄土高原退耕还林工程对生态环境的影响及对策建议[J]. 水土保持研究,2017(5)：63-68.

[4]邓仕坚，张家武，陈楚莹,等. 不同树种混交林及其纯林对土壤理化性质影响的研究[J]. 应用生态学报,1994(2)：126-132.

[5]董彦丽，张富，杨彩红，等. 半干旱区微集水系统土壤水分调控效果研究[J]. 水土保持通报,2013(5):35-39,44.

[6]杜继稳，雷向杰，鲁渊平,等. 陕北植被生态环境变化对气候的影响[J]. 西北林学院学报，2001(1)：12-16.

[7]俄有浩，施茜，马玉平,等. 未来10年黄土高原气候变化对农业和生态环境的影响[J]. 生态学报，2011(19)：5542-5552.

[8]胡建军，王庆阳，刘煊娥,等. 黄土高原地区生态环境状况与经济社会发展关系研究[J]. 水土保持研究，2006(4)：253-255,259.

[9]刘国彬，上官周平，姚文艺,等. 黄土高原生态工程的生态成效[J]. 中国科学院院刊，2017(1)：11-19.

[10]刘国彬. 黄土高原草地土壤抗冲性及其机理研究[J]. 土壤侵蚀与水土保持学报，1998(1)：93-96.

[11]刘建军，崔宏安，王得祥,等. 延安市张梁试区退耕地植被自然恢复与多样性变化[J]. 西北林学院学报，2002(3)：8-11.

[12]刘世梁，傅伯杰，吕一河,等. 坡面土地利用方式与景观位置对土壤质量的影响[J]. 生态学报，2003(3):414-420.

[13]毛瑢，孟广涛，周跃. 植物根系对土壤侵蚀控制机理的研究[J]. 水土保持研究,2006(2)：241-243.

[14]苗晓靖，徐桂华，宋芳,等. 集流梯田工程水土保持效益试验浅析:以黄前流域为例[J]. 水土保持研究,2006(5)：220-221,224.

[15]山仑，徐炳成. 新时期黄土高原退耕还林(草)有关问题探讨[J]. 水土保持通报，2019(6)：295-297.

[16]史玉芳. 不同整地造林对核桃生长结果影响的试验研究[J]. 中国林副特产,2013(6)：38-39.

[17]宋富强，杨改河，冯永忠. 黄土高原不同生态类型区退耕还林(草)综合效益评价指标体系构建研究[J].干旱地区农业研究,2007(3)：169-174.

[18]苏樑，宋同清，杜虎,等. 喀斯特峰丛洼地不同植被恢复阶段细根生物量、形态特征及其影响因素[J]. 应用生态学报，2018(3)：783-789.

[19]唐克丽. 退耕还林还牧与保障食物安全的协调发展问题[J]. 中国水土保持，2000(8)：35-37.

[20]王峰，石辉，周立江,等. 土壤抗冲性研究进展[J]. 山地农业生物学报，2010(6)：528-537.

[21]王小博，朱永清，吴宜进,等. 不同植被下降雨类型对红壤坡地土壤侵蚀特征的影响[J]. 水土保持研究，2017(2)：6-11.

[22]文波龙，任国，张乃明. 云南元阳哈尼梯田土壤养分垂直变异特征研究[J]. 云南大学学报(自然科学版)，2009(1)：78-81,93.
[23]许旸. 中国热带27个阔叶树种不同根序细根的形态特征、解剖结构和碳氮研究[D]. 哈尔滨：东北林业大学,2011.
[24]姚文俊. 陕北黄土区植被恢复对气候与水沙变化的影响[D]. 北京：北京林业大学,2014.
[25]姚文艺，肖培青，申震洲,等. 坡面产流过程及产沙临界对立地条件的响应关系[J]. 水利学报，2011(12)：1438-1444.
[26]于水强，王政权，史建伟,等. 树木根系碳分配格局及其影响因子[J]. 生态学报，2006(8)：2663-2669.
[27]张彦军，郭胜利，南雅芳,等. 水土流失治理措施对小流域土壤有机碳和全氮的影响[J]. 生态学报，2012(18)：5777-5785.
[28]赵靖川，刘树华. 植被变化对西北地区陆气耦合强度的影响[J]. 地球物理学报，2015，58(1)：47-62.
[29]赵文启，刘宇，罗明良,等. 黄土高原小流域植被恢复的土壤侵蚀效应评估[J]. 水土保持学报，2016,30(5)：89-94.
[30]赵新泉，马艳娥. 退耕还林的生态作用及实施措施[J]. 林业资源管理，1999(3)：36-39.
[31]赵忠，李鹏，王乃江. 渭北黄土高原主要造林树种根系分布特征的研究[J]. 应用生态学报，2000(1)：38-40.
[32]郑粉莉，唐克丽，白红英. 黄土高原人类活动与生态环境演变的研究[J]. 水土保持研究，1994(增1)：36.
[33]朱显谟. 黄土高原区的自然保护[J]. 水土保持研究，1997(增1)：2-39,46.
[34]朱小强，房堂来. 不同整地造林对油桐生长结果影响的试验研究[J]. 陕西农业科学，2009(1)：52-53,74.
[35]Ali H E，Reineking B，Münkemüller T. Effects of plant functional traits on soil stability：intraspecific variability matters[J]. Plant and Soil，2017(411)：359-375.
[36]Chaplot V，Le Bissonnais Y. Field measurements of interrill erosion under different slopes and plot sizes[J]. Earth Surface Processes and Landforms：The Journal of the British Geomorphological Research Group，2000(25)：145-153.
[37]Chen L，Huang Z，Gong J，et al. The effect of land cover/vegetation on soil water dynamic in the hilly area of the loess plateau，China[J]. Catena，2007(70)：200-208.
[38]Hao H，Di H，Jiao X，et al. Fine roots benefit soil physical properties key to mitigate soil detachment capacity following the restoration of eroded land[J]. Plant and Soil，2020(446)：487-501.
[39]Kinnell P. Comment on "Plot-based experimental study of raindrop detachment，in interrill wash and erosion-limiting degree on a clayey loessal soil"[J]. Journal of Hydrology，2020(582)：124535.
[40]Xia M，Guo D，Pregitzer K S. Ephemeral root modules in Fraxinus mandshurica[J]. New Phytologist，2010,188(4)：1065-1074.
[41]Yuan Z，Chen H Y，Reich P B. Global-scale latitudinal patterns of plant fine-root nitrogen and phosphorus[J]. Nature Communications，2001(2)：1-6.
[42]Zhang B，Yang Y-s，Zepp H. Effect of vegetation restoration on soil and water erosion and nutrient losses of a severely eroded clayey Plinthudult in southeastern China[J]. Catena，2004(57)：77-90.
[43]Zuazo V D，Pleguezuelo C R，Martínez J F，et al. Harvest intensity of aromatic shrubs vs. soil erosion：An equilibrium for sustainable agriculture (SE Spain)[J]. Catena，2008(73)：107-116.